詳細介紹各種功能的使用方法
判斷圖片條件挑選最適合工具
了解去背的原理讓你快速上手

教你突破去背合成的盲點，掌握有效的影像處理訣竅

Photoshop CC
去背達人的
私房秘技不藏私

吳宜瑾　著

作　　者：吳宜瑾
責任編輯：賴怡君

董 事 長：蔡金崑
總 經 理：古成泉
總 編 輯：陳錦輝

出　　版：博碩文化股份有限公司
地　　址：221 新北市汐止區新台五路一段 112 號 10 樓 A 棟
　　　　　電話 (02) 2696-2869　傳真 (02) 2696-2867

發　　行：博碩文化股份有限公司
郵撥帳號：17484299　戶名：博碩文化股份有限公司
博碩網站：http://www.drmaster.com.tw
讀者服務信箱：DrService@drmaster.com.tw
讀者服務專線：(02) 2696-2869 分機 216、238
（周一至周五 09:30 ～ 12:00；13:30 ～ 17:00）

版　　次：2018 年 6 月初版一刷

建議零售價：新台幣 550 元
I S B N：978-986-434-312-6
律師顧問：鳴權法律事務所 陳曉鳴律師

本書如有破損或裝訂錯誤，請寄回本公司更換

國家圖書館出版品預行編目資料

Photoshop CC 去背達人的私房秘技不藏私 /
吳宜瑾著 . -- 初版 . -- 新北市：博碩文化，
2018.06
　面；　公分

ISBN 978-986-434-312-6(平裝)

1.數位影像處理

312.837　　　　　　　　　　　107008998

Printed in Taiwan

博 碩 粉 絲 團　歡迎團體訂購，另有優惠，請洽服務專線
　　　　　　　(02) 2696-2869 分機 216、238

推薦序

　　近年來，網紅與個人 Model 以及 Cosplay 的盛行，個人攝影與後製合成在這幾年使用量已經普及到各個國家以及工作的職缺都需要使用此軟體，因此 Photoshop 是目前設計與攝影界必用的程式之一。所有的設計甚至到遊戲與行動裝置的 UI 等等，都需要 Photoshop 來進行製成，而吳宜瑾老師，除了外表清新可人，更是一位專注於設計與美術的專業職人，在教育與 SOHO 界，長達 10 年之久，自學生時期協助教授完成許多專案，並在畢業後於教育界帶領許多學員取得美術獎項。不論在手繪或是電繪甚至到 Photoshop 的後製與合成，更是得心應手。

　　吳宜瑾老師於教育期間更取得 Adobe 與 Autodesk 多項認證，更到許多校園做過演講，也與姐姐及姐夫在中部共同建立優影設計工作室，工作室成立於 2008 年，啟今承接多項政府專案與多家中小企業的開發與活動相關設計，真是美麗與專業融於一身的奇女子。

　　近年來更設計多款可愛的 Line 貼圖與 Line 風格化介面，更著手於文創設計，相信在不久的將來，讀者在購買書籍後，更會迫不及待想加入人生中第一次 Line 貼圖的設計，而 Line 貼圖有時也需要 PHOTOSHOP 來做為輔助。

　　本書結合作者大大小小接案經歷，分享設計過程與後製技巧，並把基本工具從應用到熟練到設計的一本好書，如果你也想一起走向後製合成的頂端，這本書籍搶得先機，教授您如何從入門到設計，只要你有興趣，這本書您非買不可。

　　我是巨匠的滕金紘老師，我接觸過許多專案與設計，在這裡推薦您這本好書，提早入手，提早完成夢想，你！還在等什麼？

巨匠電腦多媒體設計講師滕金紘

　　身在資訊爆炸、科技日新月異的時代，成就一張完美的圖片，已不是專業人士的特權，而去背修圖的應用，小到個人通訊軟體的大頭貼照、大至報章雜誌電影海報，無不拜去背修圖技術的加持所賜，甚至 ---- 連拍攝婚紗照都不必出外景，也可以藉由去背合成的技術，讓新人彷若置身仙境！

　　然而，這樣一個強大的技術，卻有著許多不容忽視的細節！也許您曾在街頭看過大型廣告圖片，重視細節的去背，可將內容的氣勢與質感完整呈現；相反地，不成熟的去背技巧，會令人感到粗糙、苟且，甚至對廣告的內容失去興趣。

　　透過本書，宜瑾老師將 PHOTOSHOP 中所有的去背密技不藏私大公開！讓您一覽業界最犀利的去背技術，成就一張張完美的圖片不再是夢想，您我都可以成為去背達人！

優影設計有限公司 負責人 尤國峰

目錄

CHAPTER 3

最方便的選取工具 059

基本選取

CHAPTER 4

最聰明的選取工具 089

智慧選取

CHAPTER 5

最自由的選取工具 123

路徑選取

CHAPTER 6

最精準的選取工具 151

色版選取

CHAPTER 7

作品再進化 225

好用的輔助功能

CHAPTER 0

開始之前這些要先懂！
數位影像基本觀念

相信各位讀者都已經迫不及待想學習如何成為去背達人了！但…先等等！在處理影像之前，必須先有一些數位影像處理的基本觀念，才能讓影像處理工作更加順利流暢。數位影像，顧名思義，就是經過數位處理的影像文件，簡單說，就是在螢幕上處理影像，不管是使用何種螢幕，例如手機或電腦螢幕。數位影像的處理不像一般膠捲底片或是紙上處理，必須先了解影像構成的方式與其特性。以下將點陣圖 / 向量圖、解析度與尺寸、色彩模式與常用影像格式做一簡單說明。

0-1 點陣圖與向量圖

0-1-1 點陣圖

在螢幕上呈現的影像，大多由連續像素（Pixel）陣列構成，適合用於呈現層次豐富的影像，如數位照片。點陣圖由於在生成的同時就已經固定其影像品質，因此在在螢幕上將點陣圖放大到一定程度，就會呈現鋸齒狀或馬賽克效果；也就是說，只要是點陣圖，不管品質再怎麼好，將其無限放大，最後總還是會看到它的像素。

圖 0-1　點陣圖原圖（左）與點陣圖放大 3200 倍（右）

0-1-2 向量圖

向量圖是由點與線構成的影像，適合呈現色彩單純、色塊分明的影像，如 LOGO 商標或卡通圖案。向量圖生成時由點、線構成而品質不受限於像素，因此無限放大後也不失真。

Photoshop 為影像處理軟體，主要處理點陣圖為主，但也有提供局部向量式編輯工具。

圖 0-2　向量圖由點與線構成，圖為 Illustrator 繪圖構成

 更多關於向量圖的詳細介紹，請參考章節 CH5。

數位影像基礎觀念 0

淺談選取與去背 1

選區編修與遮色片 2

基本選取 3

智慧選取 4

路徑選取 5

色版選取 6

好用的輔助功能 7

0-2 解析度、色彩模式與常見影像格式

0-2-1 解析度

多用於影像的清晰度，解析度越高代表影像品質越好，越能表現出更多的細節，但相對的，因為記錄的資訊越多，檔案也就會越大；相反的，解析度越低，影像品質就越低，檔案就越小。

常見描述解析度的單位有：**dpi**（dots per inch 點每英寸）和 **ppi**（pixels per inch 像素每英吋）。

ppi 和 **dpi** 經常混用，但「像素」只存在於螢幕顯示領域，而「點」只出現於列印或印刷領域。

0-2-2 色彩模式

色彩模式雖然有很多種，常用的是 RGB 和 CMYK 兩種，RGB 種的顏色都是由紅（R）綠（G）藍（B）組合而成，CMYK 顏色是由青（C）洋紅（M）黃（Y）＋黑（K）所構成。

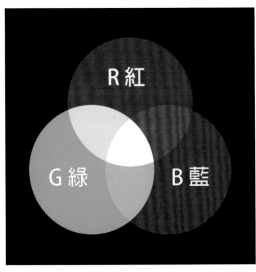

圖 0-3　RGB 色彩模式

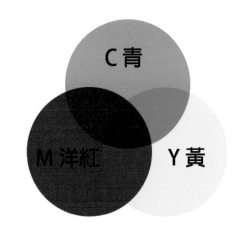

圖 0-4　CMYK 色彩模式

RGB 為光的三原色，適用於呈現光的色彩，因此螢幕上均使用 RGB 色彩模式。RGB 色彩模式中，每個顏色最多有 256 個色階，因此色光的程度由 0~255 表現弱到強，由於色光的混色會越加越亮，因此數值越高，除了色彩成分越高，亮度也會越亮，當 RGB 三個顏色均達到 255 時，就會呈現最亮的光，也就是白色。

圖 0-5　螢幕上的白色區域，使用微距鏡放大觀察，可以發現均為 **RGB** 構成

　　依照影像使用目的去採用不同的色彩模式，主要是因為 CMYK 與 RGB 的色域（呈現色彩的範圍）不同，呈現的色彩也不同。舉例來說，印刷顏料不可能印出 [光]，所以當色彩模式採用 RGB 的影像印刷出來之後，會感覺成品與螢幕上觀看時有很大的明暗色差。

0-2-3　常見影像格式

　　常見的圖檔格式，例如：jpg, gif, bmp, png, tiff 等等都是屬於點陣圖檔，以下就色彩與特性作比較：

檔案格式	檔案類型	色彩表現	壓縮特性	特性
GIF	點陣式	256 色	非破壞性（256 色內）	可指定透明色彩做影像去背可顯示動畫
JPEG(JPG)	點陣式	全彩	破壞性	有檔案體積小的優點，但影像會有一定程度的失真，數位相片通常為 jpg 檔
PNG	點陣式	全彩	非破壞性	支援漸進式透明色彩，但只適用於單張圖片不具動畫效果
TIF(TIFF)	點陣式	全彩	非破壞性	最適宜作印刷用的圖檔格式
BMP	點陣式	全彩	非破壞性	不能儲存印刷用的色彩模式影像為 **Windows** 標準的影像格式
PSD	點陣式	全彩	非破壞性	**Photoshop** 的原始檔格式，可保留圖層及影像編輯相關數值。

　　補充：有在玩單眼相機的朋友，也可由單眼相機取得 Camera Raw 檔。 Camera Raw 是相機原始資料格式，用來儲存未經壓縮的影像圖檔，各家廠牌相機的 Camera Raw 格式與副檔名都不同，Camera Raw 只是統稱。若要使用 Camera Raw 來合成影像，也可在 Photoshop 開啟後，經由 Camera Raw 方式編輯編輯後再進入 Photoshop 進行其他後製。

假日休閒好去處！

Happy Vacation

7106

小墾丁渡假村
檜檀木屋別墅出租

CHAPTER 1

你會去背就會合成了！

淺談選取與去背

一個完整成熟的數位設計或合成作品，需要經過多重後製手續，而最常使用的技術就是將影像選取後去除背景（簡稱去背）、加上遮色片隱藏背景或複製到其他影像上進行合成，再適度調整色彩、明暗等數值。影像後製流程參考：

判讀／挑選素材　→　選取範圍　→　去背／遮色片／複製　→　明暗／色彩等處理

若希望完成的作品不著痕跡且自然的呈現，就必須先挑選適合的影像素材，並使用適合的選取方式來選取影像，因此【選取】為影像處理中最重要也最複雜的一環。在深入了解如何選取影像之前，本章節先帶領各位讀者認識選取的基本觀念。

1-1 選取的定義

在 Photoshop 影像處理中，【選取】一詞應如何定義？若以選取方式來說，大致分為圖層選取、形狀選取、路徑選取、色彩選取、遮色片選取、色版選取、物件選取幾種，再搭配選區（蟻形線）來選取指定範圍。至於應該使用何種選取方式來處理影像，端看影像處理的目的。以下筆者將這幾種類型的選取做一簡單說明：

1-1-1　圖層選取

選擇指定圖層，編輯該圖層所有影像。圖層因型態不同，編輯的方式也不同。例如一般圖層（點陣圖）、形狀圖層（向量圖）、文字圖層等等。圖層可以單一選取也可以多重選取（ Ctrl 跳加選， Shift ↑ 連續加選），選擇完畢亦可進行拖曳、複製或群組等管理。選取圖層之後若無另外建立選區（蟻形線），則編輯的對象為整個圖層。

1-1-2　形狀選取

使用幾何／不規則形狀等方式選取像素。被選到的像素通常以 " 動態虛線 "（或稱蟻形線）表示選區，代表該虛線範圍內的像素目前呈現選取狀態。但蟻形線並不適合用來呈現半透明的選取狀態，只能做為選取大約範圍的參考依據。

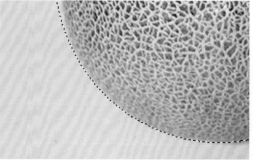

圖 1-1-1　被選取的區域被動態虛線包圍

1-1-3　路徑選取

　　建立向量式路徑描繪欲選取的範圍，再由路徑轉為選取範圍或向量圖遮色片。路徑採向量式編輯，可與選取範圍（蟻形線）互相轉換。

圖 1-1-2　路徑由錨點與線架構而成

1-1-4　色彩選取

　　使用色彩偵測方式將特定的色彩範圍進行選取。色彩偵測的選取方式通常依照色彩間的對比度來偵測，因此影像色彩原始條件非常重要。色彩越乾淨無雜質就越好選取；反之，色彩混雜則增加選取的困難度。

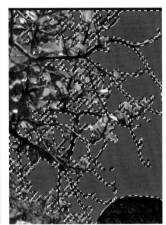

圖 1-1-3　圖為選取藍天狀態

1-1-5　遮色片選取

　　使用快速遮色片搭配灰階度來進行選取，適用於帶有透明程度的選取。使用者可依照自己的習慣來指定深色或淺色為選取範圍。

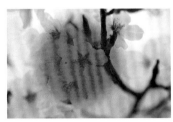

圖 1-1-4　使用快速遮色片會呈現紅色範圍　　圖 1-1-5　退出後即轉換圍選區　　圖 1-1-6　即可去背

1-1-6　色版選取

　　使用各色色版以不同色彩成分來進行分色範圍選取。常用來進行細節、透明物、火光的去背。

數位影像基礎觀念　0

淺談選取與去背　1

選區編修與遮色片　2

基本選取　3

智慧選取　4

路徑選取　5

色版選取　6

好用的輔助功能　7

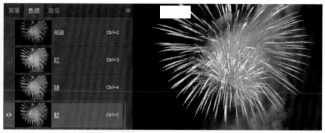

圖 1-1-7　原圖　　　　圖 1-1-8　切換到指定色版時，會以灰階來表示該色彩成分高

1-1-7　物件選取

　　一般影像多屬點陣圖編輯，通常點陣圖的像素都容易因編輯而遭受破壞（永久變更）或遺失細節，若轉為智慧型物件或編輯向量式物件則以 " 物件 " 作為選取單位來進行編輯。

圖 1-1-9　智慧型物件

圖 1-1-10　形狀（向量）圖形

　　一般來說，選取影像的目的，無非是要針對選到的範圍或對象進行優化處理，例如調整色彩、去背合成、濾鏡處理等等。

1-2 影像的限制與判讀

　　了解數位影像選取的運作方式後，就要在開始進行選取前，學習判讀影像條件的好壞、挑選條件適合的影像來處理，才能達到事半功倍的工作效率。每個影像檔（圖檔）的品質均受限於被建立時所記錄的資訊，例如解析度、色彩與明暗、影像主體明顯與否等等，而影像紀錄的資訊也將影響編輯的難易。

　　一般可分幾大類來判讀影像處理的條件好壞及難易度：

　　解析度的高低：畫質 / 解析度太差的影像因為邊界模糊不易判讀為是否該選，因此解析度過低的影像不建議拿來作為影像後製或設計的素材。

圖 1-2-1　解析度高，邊界清晰易選　　　　　圖 1-2-2　解析度低，邊界模糊不清

數位影像基礎觀念

0

淺談選取與去背

1

選區編修與遮色片

2

基本選取

3

智慧選取

4

路徑選取

5

色版選取

6

好用的輔助功能

7

　　色彩的純淨與混雜：色彩越乾淨，越容易使用色彩偵測類型的選取工具或色版來選取，例如深綠草叢中的一朵白花；反之，同一區域色彩越混雜或相近，要選取完整的區域就需要多幾道手續，例如背景同為白色的石像。

圖 1-2-3　左圖在色彩上的條件會比右圖易選

　　影像邊界的清晰與模糊：要選取的範圍與其背景之間的邊界越清晰，就越容易選取，界線模糊或色彩太過接近則不利於色彩偵測類型工具選取。

圖 1-2-4　左圖較右圖簡潔，因此選取條件較佳

　　影像邊界的簡潔與繁雜：要選取的範圍與其背景之間的邊界越簡潔，就越容易描繪或選取；反之，若是細碎繁雜，如髮絲或草叢，就越要花時間處理。

　　以上為簡易的選取或判讀影像處理難易的方法，若在時間成本有限的情況下，讀者由此判定該影像是否適合進行後製或是捨棄之另選與重新拍攝影像。

1-3 選取方式總覽

依照筆者在 1-1 中提到的選取類型，在使用 Photoshop 時可以搭配不同的選取工具與面板。

形狀選取		規則的幾何選取工具： 矩形、橢圓、垂直／水平單線選取 不規則選取工具： 套索、多邊形套索與磁性套索
路徑選取		筆型等向量工具 搭配路徑面板
色彩選取		快速選取工具、魔術棒選取工具
遮色片選取		使用快速遮色片搭配漸層、筆刷等工具 以圖層遮色片作為載體載入選區、 向量圖遮色片轉為選區
色版選取		色版面板
物件選取		路徑選取工具、移動工具

 筆者將在第三章到第六章的內容中，為各位讀者詳細介紹各種選取工具的使用方法與實際應用。

1-4 何謂去背

影像去背（Image Matting），是指在處理影像時藉由各種方式，將想保留的影像範圍從影像中擷取出來的技術，可用於替換背景、影像合成、視覺特效或影像設計，在商品廣告、平面設計與電影工業中被廣泛地使用。影像去背的主要工作就是**選取精確的影像範圍**，再使用遮色片（非破壞性）隱藏不需要的背景或直接將背景影像刪除。

圖 1-4-1　去背前

圖 1-4-2　去背後

圖 1-4-4　調色後

圖 1-4-3　合成後

1-5 圖層觀念

想達到完美的去背效果，除了了解選取，也必須先有正確的圖層觀念。在 Photoshop 中，影像的構成可由多個圖層由上往下堆疊。去背後的影像，可以移動到適合的背景圖層上進行合成。圖層可將不同的影像分層處理，避免影像受到破壞或取代，也方便個別彈性調整順序、顯示隱藏等。

1-5-1　圖層堆疊概念

開啟右邊圖層面板，可發現圖層面板裡有很多的圖層堆疊，上面的圖層會擋住下面圖層重疊的區域；當圖層很多時管理不易，也可使用群組整理。

圖 1-5-1　一個完整的作品可能由很多種類的圖層構成

0　數位影像基礎觀念

1　淺談選取與去背

2　選區編修與遮色片

3　基本選取

4　智慧選取

5　路徑選取

6　色版選取

7　好用的輔助功能

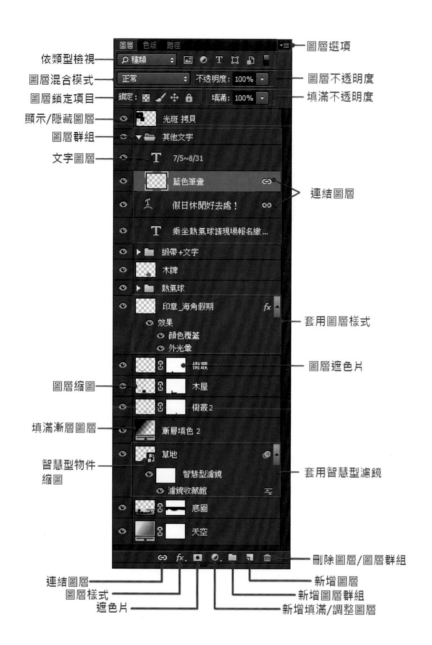

左側標示（由上至下）：
依類型檢視
圖層混合模式
圖層鎖定項目
顯示/隱藏圖層
圖層群組
文字圖層
圖層縮圖
填滿漸層圖層
智慧型物件縮圖
連結圖層
圖層樣式
遮色片

右側標示（由上至下）：
圖層選項
圖層不透明度
填滿不透明度
連結圖層
套用圖層樣式
圖層遮色片
套用智慧型濾鏡
刪除圖層/圖層群組
新增圖層
新增圖層群組
新增填滿/調整圖層

圖 1-5-2　psd 檔為 Photsohop 的原始檔格式，可保留圖層、遮色片等狀態

Ps 透明像素顯示法

在 Photoshop 中，透明部分將以灰白兩色方格相間表示。

數位影像基礎觀念 0
淺談選取與去背 1
選區編修與遮色片 2
基本選取 3
智慧選取 4
路徑選取 5
色版選取 6
好用的輔助功能 7

文字圖層選單

圖層右鍵選單

圖層選項選單

圖層群組選單

圖層縮圖選單

圖層樣式選單

遮色片選單

圖 1-5-3　其中圖層選項、圖層縮圖、圖層、文字圖層、圖層遮色片按下右鍵都各有次選單可供編輯

1-5-2　圖層縮圖顯示

　　圖層縮圖可檢視圖層內容，以方便選取並編輯影像。可在縮圖上按右鍵調整縮圖大小或切換縮圖檢視範圍，使縮圖觀察更容易。

　　在圖層縮圖上按右鍵可切換大（圖 1-5-4）/ 中（圖 1-5-5）/ 小（圖 1-5-6）型縮圖檢視。

圖 1-5-4　　　　　　　　　　圖 1-5-5　　　　　　　　　　圖 1-5-6

縮圖按右鍵切換剪裁至文件邊界（圖 1-5-7）與圖層邊界（圖 1-5-8）

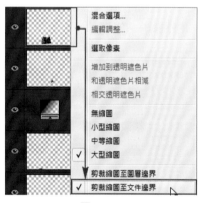 

圖 1-5-7　　　　　　　　　　　　　　圖 1-5-8

　　每個圖層在左側會顯示圖層縮圖，右邊則是圖層名稱；若是有遮色片，則會放在圖層縮圖與圖層名稱之間。縮圖會呈現該圖層影像的縮小圖，在縮圖上按右鍵可以切換縮圖的大小。需特別注意目前選取的部分是圖層還是遮色片，選的對象不同，編輯的結果也不同。

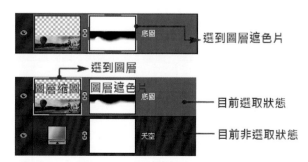

圖 1-5-9　點選不同區塊意義不同

數位影像基礎觀念　0

淺談選取與去背　1

選區編修與遮色片　2

基本選取　3

智慧選取　4

路徑選取　5

色版選取　6

好用的輔助功能　7

1-5-3　新增 / 複製、刪除、群組圖層

圖層面板底下有一排圖示，由右到左分別是刪除圖層、新增（複製）圖層、建立群組、新增填滿 / 調整圖層、增加遮色片與連結圖層。

❶ 新增圖層

若需要新增一個空白圖層則按下 ，則新增的圖層會建立在目前選取的圖層之上；若需要複製圖層，可將要複製的圖層往下拉到新增圖層的圖示 上即可。（快速鍵：**Ctrl +J**）

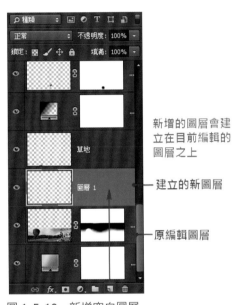

新增的圖層會建立在目前編輯的圖層之上

建立的新圖層

原編輯圖層

圖 1-5-10　新增空白圖層

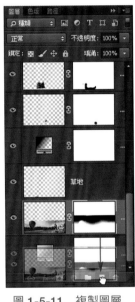

將選取的圖層往下方建立圖層的圖式拖曳即可複製圖層

圖 1-5-11　複製圖層

❷ 刪除圖層

若需要刪除一個圖層，則選取要刪除的圖層，按下 **Del** 或點選下面的圖示 上即可。

若需要刪除一個群組，則選取要刪除的圖層，按下 **Del** 或點選下面的圖示 ，選擇要刪除的項目即可。

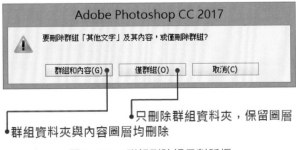

只刪除群組資料夾，保留圖層

群組資料夾與內容圖層均刪除

圖 1-5-1　群組刪除提示對話框

❸ 群組圖層

　　將圖層群組可有效率管理散亂的圖層，方便將多個群組過的圖層一起編輯，而將群組過的圖層收合也可精簡化圖層面板。

1. 將多個欲群組在一起的圖層一併選取。
（ `Del` + 點選圖層可跳著加／減選圖層，
`Shift ↑` + 點選圖層可連續加／減選圖層）

2. 點選圖層選項按鈕，選取從圖層增加群組。

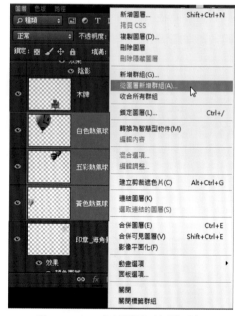

圖 1-5-13　多個圖層以新增群組

3. 替群組命名，按下確定即完成群組建立。

圖 1-5-14

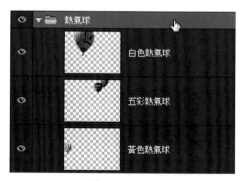

圖 1-5-15

4. 另外，也可透過將多個圖層一起拉到下方群組圖式的方式建立，再將群組命名即可。

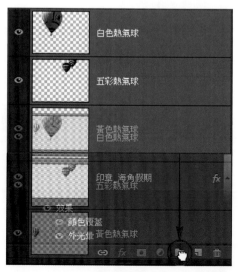

圖 1-5-16

1-5-4 移動、顯示／隱藏、更名、鎖定、連結圖層

❶ 移動圖層

　　圖層順序在建立時是由下往上堆疊，但圖層建立後仍可自行上下拖曳移動，只要將想移動的圖層選取後，拖曳到要放置的位置，在畫面出現一條橫線即是放置的目標位置，再放開圖層即可。此操作方法也可將圖層移入或移出群組。

將圖層移動至兩圖層之間會出現一條橫線，提示移動的目標處

圖 1-5-17

❷ 顯示／隱藏圖層

　　若是該圖層的影像會阻擋下方圖層的編輯，也可透過點選左邊的眼睛圖示 👁 來隱藏該圖層。

圖 1-5-18　圖層顯示狀態

0 數位影像基礎觀念

1 淺談選取與去背

2 選區編修與遮色片

3 基本選取

4 智慧選取

5 路徑選取

6 色版選取

7 好用的輔助功能

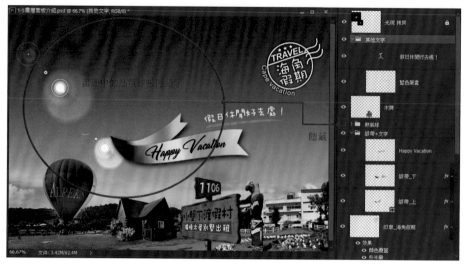

圖 1-5-19　圖層隱藏狀態

❸ 圖層更名

新增空白圖層時會以預設名稱如：圖層 1、圖層 2... 方式命名，若是需要替圖層重新命名，可以在圖層名稱處點兩下輸入新的名稱即可。

圖 1-5-20

❹ 鎖定圖層

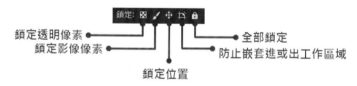

圖 1-5-21　鎖定圖層可限制圖層被編輯的狀態

❺ 鎖定透明像素

可避免透明處被填色或編輯，不透明的部分仍可編輯。

圖 1-5-22　圖中透明像素不受綠色筆刷塗抹影響，不透明像素仍會被編輯

❻ 鎖定影像像素

可避免該圖層已記錄的像素被修改或
編輯，但仍可移動。

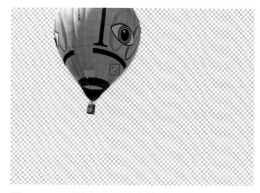

圖 1-5-23　圖中出現禁止符號即代表無法編輯
　　　　　像素

❼ 鎖定位置

鎖定該圖層不被移動。

圖 1-5-24　圖層鎖定位置後，若是不小心移動
　　　　　或編輯，就會跳出警告視窗

❽ 防止自動嵌套進出工作區域

禁止進出工作區域的自動嵌套行為。檔案中若有新增工作區域，則當該圖層影像被拉
到工作區域範圍內時，在圖層會顯示放置在工作區域內，移動時則退出工作區域。此按鈕
可防止在移動圖層時讓影像進入工作區域圖層中。

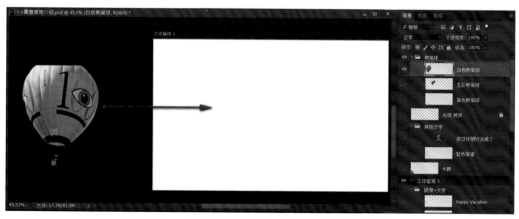

圖 1-5-25　新增工作區域時，影像與圖層的原始位置

數位影像基礎觀念　0

淺談選取與去背　❶

選區編修與遮色片　2

基本選取　3

智慧選取　4

路徑選取　5

色版選取　6

好用的輔助功能　7

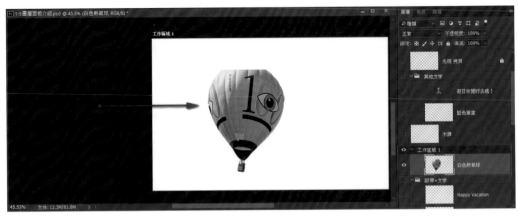

圖 1-5-26　拖曳到工作區域後，影像圖層就會加入該工作區域中

圖 1-5-27　在拖曳該影像之前若有按下此按鈕，就算影像拖曳到工作區域中，圖層位置也不變

⑨ 以上項目全部鎖定。

全部鎖定

⑩ 連結圖層

將多個圖層層選取，點選下方 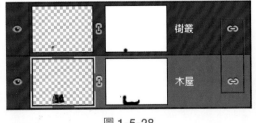 連結圖層可讓多個圖層在不合併或群組的狀態下一起編輯。若要解除連結狀態，選取圖層再按一次 🔗 即可。

圖 1-5-28

1-5-5　合併圖層 / 影像平面化

當數個圖層不再單獨編輯，或是希望減小檔案大小，可以將數個檔案合併，合併後不可再拆開。(選取一個圖層時與選取多個圖層時的選單不盡相同)

圖 1-5-29　只選擇一個圖層時，按右鍵可合併的項目如下

圖 1-5-30

圖 1-5-31

圖 1-5-32　同時選擇多個圖層時，按右鍵可合併的項目如上

數位影像基礎觀念　0

淺談選取與去背　❶

選區編修與遮色片　2

基本選取　3

智慧選取　4

路徑選取　5

色版選取　6

好用的輔助功能　7

圖 1-5-33　選擇群組時，按右鍵可合併的項目如上

❶　合併圖層

在圖層面板將想要合併的圖層一併選取後，按右鍵／合併圖層，或在功能表／圖層／合併圖層。

❷　向下合併圖層

將目前編輯中的圖層與下面一個圖層一起合併。

❸　合併可見圖層

除了被隱藏的圖層之外，將整個檔案其它圖層包含背景合併，但仍保留被隱藏的圖層。

❹　影像平面化

捨棄移除所有被隱藏的圖層，將整個檔案其它圖層包含背景合併。

圖 1-5-34　平面化後的圖層

數位影像基礎觀念 0

淺談選取與去背 1

選區編修與遮色片 2

基本選取 3

智慧選取 4

路徑選取 5

色版選取 6

好用的輔助功能 7

Ps 背景圖層？一般圖層？

背景圖層為圖層經過平面化或是開啟原始點陣圖檔（如 jpg）所呈現的狀態，呈現鎖定狀態。

❺ 合併群組

將群組內所有圖層合併，並移除群組資料夾外殼。

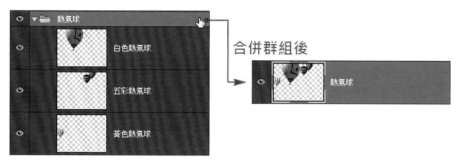

圖 1-5-35　智慧型物件合併群組後的圖層

❻ 點陣化圖層

將點陣圖影像縮小的同時，像素就會減少，相對記錄的細節就會遺失。當影像再次放大，即使放到與原來尺寸一樣大，細節也不再保留。因此當尚未確定日後是否還會再次編輯此影像時，為了保存原影像的品質，可先透過在圖層按右鍵／**轉為智慧型物件**（圖 1-5-36）來保持影像品質。

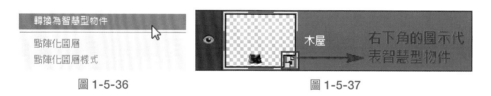

圖 1-5-36　　　　　　　　　　　　圖 1-5-37

圖 1-5-38　智慧型物件再進入變形狀態時，物件框架內部會顯示一個 x 表示

一般來說，不會將點陣圖稱之為「**物件**」，因為點陣圖由像素構成，就好像一堆散沙，但若是轉為智慧型物件，就好像把沙子裝到一個袋子裡一樣，只要影像轉為智慧型物件，就是一個物件單位，但也因此無法任意使用選取範圍工具局部選取，也不能進行「**破壞性編輯**」，也就是永久更改像素資訊。若要取消智慧型物件的狀態，可從圖層按右鍵 /**點陣化圖層**即可。點陣化圖層後，即回到像素編輯方式。

圖 1-5-39　將智慧型物件圖層按右鍵 / 點鎮化圖層，即回到像素狀態

Note

CHAPTER 2

選好了，然後呢？
選區編修與遮色片

2-1 選區的基本操作

功能表 / 選取的下拉式選單中有許多關於選取的操作項目，也可透過各種選取工具的選項列設定相關項目。以下介紹常用的選取項目：

2-1-1　全選

將目前編輯所在圖層全部的像素進行選取。

在功能表選擇選取 / 全部（快速鍵 Ctrl + A），此時整個影像外圍出現選取的虛線。

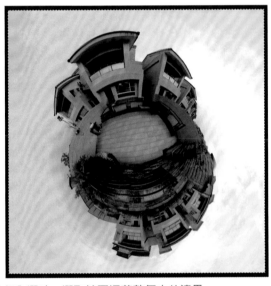

圖 2-1-1　執行全選時，選取範圍涵蓋整個文件邊界

❶ 取消選取

　　將目前已建立的選取範圍取消選取。在功能表選擇選取 / 取消選取（快速鍵 Ctrl + D）

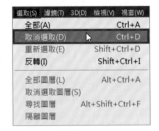

圖 2-1-2

❷ 重新選取

　　取消選取後，若想重選剛剛建立的選區，可使用此指令（快速鍵 Ctrl + Shift + D）來回復，若是檔案尚未關閉的狀態，也可以使用戰存的步驟紀錄來找回剛剛建立的選區。

圖 2-1-3　步驟記錄面板可以找到前 50 個步驟（預設階層）內的編輯紀錄

數位影像基礎觀念　0

淺談選取與去背　1

選區編修與遮色片　❷

基本選取　3

智慧選取　4

路徑選取　5

色版選取　6

好用的輔助功能　7

❸ 反轉選取

將已選取與未選取的範圍對調。在選取 / 反轉選取（快速鍵 Ctrl + Shift ↑ + I）

圖 2-1-4　原本選取到天空，執行反轉選取後，選區就換到小星球上

2-2 選區的儲存與載入應用

若以後建立的選取範圍在日後還需要使用，可透過選取 / 儲存選取範圍來進行儲存；已經儲存的選取範圍，有可以透過選取 / 載入選取範圍來進行加選。

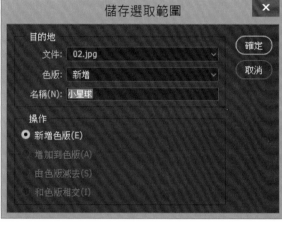
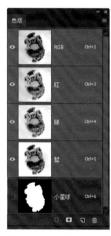

圖 2-2-1　執行儲存選取範圍時，選取範圍會以新增色版方式儲存

圖 2-2-2　此時色版面板會多出一個剛儲存的色版

圖 2-2-3　載入選取範圍也是以色版方式載入

2-3 選區的布林運算

在抽象代數中，布林代數（英語：Boolean algebra）是捕獲了集合運算和邏輯運算二者的根本性質的一個代數結構。特別是，它處理集合運算交集、並集、補集；和邏輯運算與、或、非。在圖形中，也常常使用布林運算來處理圖形與圖形之間的作用關係，例如相加 / 相減 / 交集等。

2-3-1 選取工具上的運算

在 Photoshop 每種選取工具在選項列都有提供加減選的功能，或按住 **Shift ⬆** 也可進行加 / 減選。

以下分別為：矩形、橢圓、水平單線、垂直單線、套索、多邊形套索、磁性套索、快速選取與魔術棒的選項列，提供加選、減選與相交：

圖 2-3-1-1

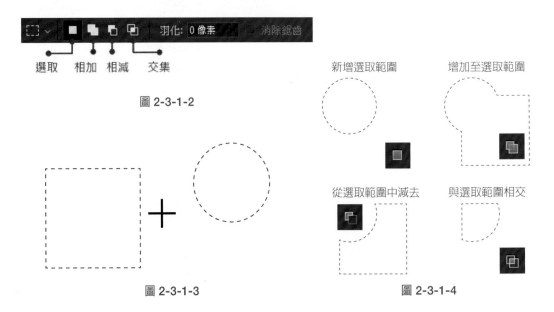

選取　相加　相減　交集

圖 2-3-1-2

圖 2-3-1-3

新增選取範圍　　　　增加至選取範圍

從選取範圍中減去　　與選取範圍相交

圖 2-3-1-4

2-3-2　與不同載體中的運算

建立選區的方式很多，除了直接使用選取工具，也可透過色版、遮色片或路徑等載體做為選取媒介。

❶ 圖層遮色片

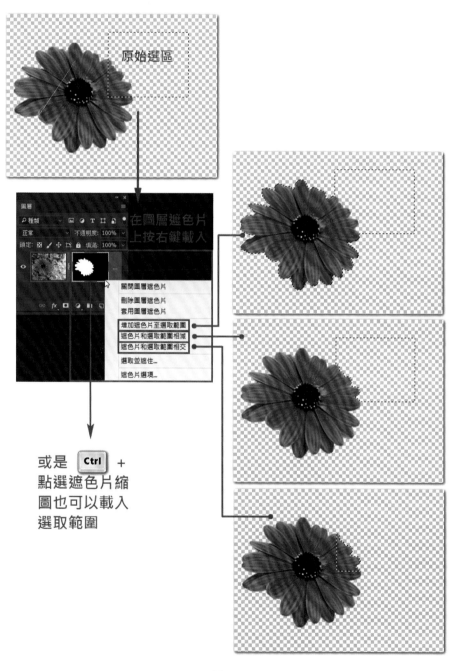

圖 2-3-2-1

數位影像基礎觀念　0

淺談選取與去背　1

選區編修與遮色片　2

基本選取　3

智慧選取　4

路徑選取　5

色版選取　6

好用的輔助功能　7

❷ 快速遮色片

一般選區多是使用明確的形狀邊界透過建立蟻形線以一線之隔方式編輯，若是選取範圍比較無法用固定形狀界定、或是希望以漸層、筆刷塗抹等方式建立選取範圍的話，快速遮色片是一個不錯的選擇。有別於形狀、向量圖與剪裁遮色片存在的目的主要是直接在影像上作為顯示或隱藏的依據，快速遮色片的目的主要是透過色彩編輯還達到建立選取範圍。進入快速遮色片模式時，將搭配灰階色來建立選取範圍，並可使用濾鏡來作用在快速遮色片上，深色與淺色將決定選取範圍的透明度。

圖 2-3-2-2　快速遮色片關閉與開啟的狀態

圖 2-3-2-3　點擊按鈕兩下可以開啟快速遮色片選項面板

進入快速遮色片時，會以預設的紅色來表示選取／不選取的區域，而顏色指示中的遮色片區域代表不選取的部分，選取區域代表選取的部分，使用者可依照自己的習慣自行設定顏色指示與顏色的透明度。

圖 2-3-2-4　顏色指示設定在遮色片範圍時

圖 2-3-2-5 顏色指示設定在選取區域時

圖 2-3-2-6　若是覺得代表遮色片的顏色（預設紅色處）會擋住影像，可以調整不透明度

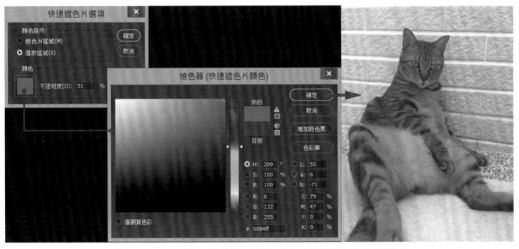

圖 2-3-2-7　這色片的指示顏色也可以點選色塊自行變更

　　關於快速遮色片的應用，筆者以下提供幾種使用快色遮色片建立／編輯選取範圍的工作流程供各位讀者作為參考：

【方法一】先用其他選取方式建立選區後，再使用快速遮色片進行調整

圖 2-3-2-8　使用橢圓選取後進入快速遮色片模式

數位影像基礎觀念　0

淺談選取與去背　1

選區編修與遮色片　2

基本選取　3

智慧選取　4

路徑選取　5

色版選取　6

好用的輔助功能　7

快速遮色片狀態   **選區效果**   **去背後**

圖 2-3-2-9   使用黑色筆刷塗抹快速遮色片後的結果

快速遮色片狀態   **選區效果**   **去背後**

圖 2-3-2-10   使用灰色筆刷塗抹快速遮色片後的結果

快速遮色片狀態   **選區效果**   **去背後**

圖 2-3-2-11   使用白色筆刷塗抹快速遮色片後的結果

　　由上面範例可知，在顏色指示設定在遮色片區域（預設狀態）時進入快速遮色面模式，使用灰階來編輯紅色指示範圍時，灰階越深，則塗抹出的紅色就越深，選取的範圍就越少；灰階越淺，則塗抹出來的紅色就越淡，選取的範圍就越多。

　　快速遮色片模式開啟時，紅色指示範圍也可以當作影像像素來套用濾鏡效果：

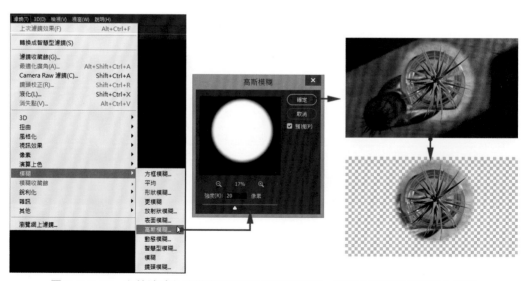

圖 2-3-2-12   在快速遮色片模式下套用高斯模糊濾鏡，可讓去背邊緣呈現羽化狀態

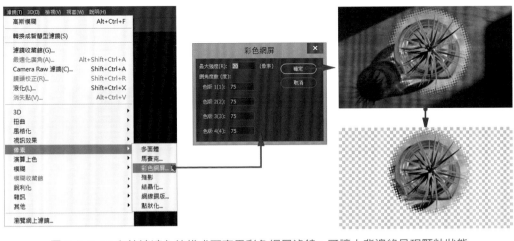

圖 2-3-2-13 在快速遮色片模式下套用彩色網屏濾鏡,可讓去背邊緣呈現顆粒狀態

【方法二】直接進入快速遮色片模式,使用各種工具繪製選區

　　若是要直接在快色遮色片狀態中建立選取範圍,筆者會建議將指示顏色更換到選取範圍,那麼直接使用黑色透過塗抹或填滿而建立的區域,就會在退出快速遮色片時直接切換到選區範圍。

圖 2-3-2-14　點擊快速遮色片按鈕兩下已開啟選項面板,將顏色指示更換到選取區域

圖 2-3-2-15　使用黑色筆刷塗抹紅色指示區域,將會轉為選取區域,去背時也會保留下來

圖 2-3-2-16　也可搭配不同形狀的筆刷塗抹,創造豐富的去背效果

數位影像基礎觀念　0

淺談選取與去背　1

選區編修與遮色片　❷

基本選取　3

智慧選取　4

路徑選取　5

色版選取　6

好用的輔助功能　7

為了辨識當時是否處於快速遮色片模式狀態，進入快速遮色片模式時，圖層會以紅色底色提示，色版面板裡也會產生一個臨時的快速遮色片色版。退出快色遮色片模式時，狀態就會取消。

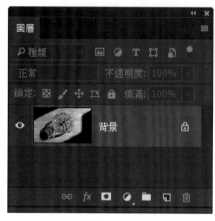

圖 2-3-2-17

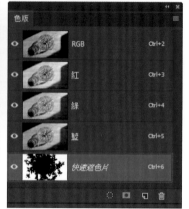

圖 2-3-2-18

❸ 向量圖遮色片 / 路徑

向量圖遮色片或是直接使用向量圖工具繪製，都會在路徑面板產生路徑。使用路徑選取的方式，也能與其他選取工具所選的區域進行布林運算。

❶ 選取路徑
❷ 載入路徑作為選取範圍
❸ 可再使用其他選取工具加入/減去/交集選區

圖 2-3-2-19

2-3-3　色版儲存選區的運算

色版面板裝除了能顯示各分色色版之外，也能透過 Alpha 色版作為選區儲存。稍早在 2-2 已跟各位讀者介紹由選取 / 儲存選取範圍的方式儲存的範圍即儲存在 Alpha 色版中，其載入方式亦可透過選取 / 載入選取範圍的方式載入，而由 Alpha 色版載入的選取範圍也可以與現在目前的選取範圍相互運算：

圖 2-3-3-1　以木盤 Alpha 色版作為原始選取區，點選選取／載入選取範圍的各項操作結果

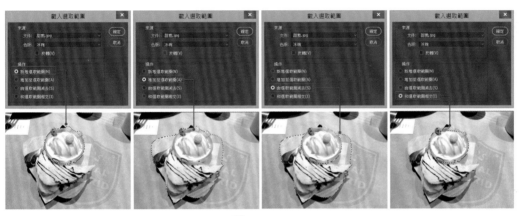

圖 2-3-3-2

2-3-4　色版與色版運算

　　色版與色版間的運算還可以透過影像／運算指令來執行。在這個面板中能指定主選取範圍與目標選取範圍，在混合項目中以增加、減去等方式來運算。以下圖例中（圖 2-3-4-1），在色版中，除了原始色版之外，已經存有杯子、盤子兩個 Alpha 色版，執行影像／運算指令（圖 2-3-4-2）時，可運算的結果如下：

圖 2-3-4-1　　　　　　　　　　　圖 2-3-4-2

數位影像基礎觀念　0

淺談選取與去背　1

選區編修與遮色片　❷

基本選取　3

智慧選取　4

路徑選取　5

色版選取　6

好用的輔助功能　7

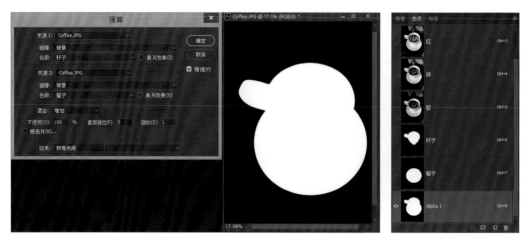

圖 2-3-4-3　色版 " 杯子 " 與 " 盤子 " 以 " 增加 " 方式混合時，產生 Alpha1

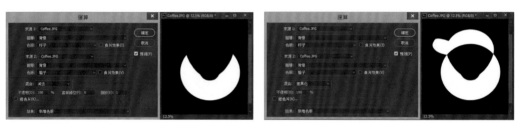

圖 2-3-4-4　色版 " 杯子 " 與 " 盤子 " 分別以 " 減去 " 與 " 差異化 " 方式混合時的效果如下

　　除了上述輸出類型，還可讓兩個色版範圍以色彩混合的方式，以各種明暗疊加或過濾的方式創立各種層次的選區。

 混合模式詳細介紹請見 8-4 圖層混合模式的搭配。

2-4 變形 / 編輯選取範圍

　　選取範圍建立完成後，可透過選取 / 變形選取範圍來縮放或旋轉。編輯完成可透過右上角的按鈕圖示來完成或取消變形。

圖 2-4-1　變形選取範圍時，會在以形線外圍出現一個有 8 個控制點的矩形框

圖 2-4-2　拖曳控制點可以縮放、旋轉選區（蟻形線範圍）

圖 2-4-3　手動扭曲框架

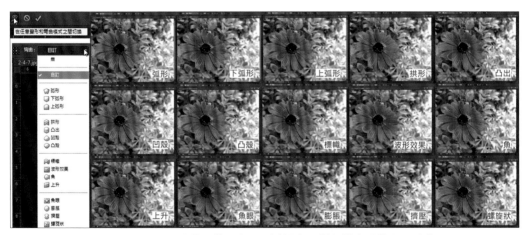

圖 2-4-4　除了手動調整，也可以透過套用彎曲模式調整選區形狀

圖 2-4-5　變形完畢後，必須按下取消變形或確認變形以決定最後是否套用

　　以上是針對蟻形線範圍進行變形，並非對選區內的影像像素進行變形，請特別注意之間的差異。

0　數位影像基礎觀念

1　淺談選取與去背

2　選區編修與遮色片

3　基本選取

4　智慧選取

5　路徑選取

6　色版選取

7　好用的輔助功能

2-5 修改選取範圍

已經建立完畢的選取範圍,透過選取 / 修改可進一步修改選取範圍,包含邊界、平滑、擴張、縮減及羽化,並各自有數值可以調整。

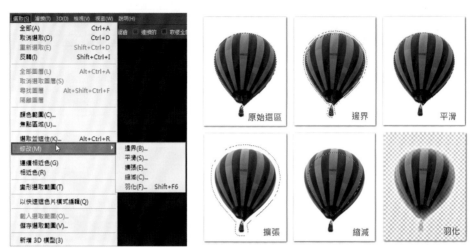

圖 2-5-1　選區的修改類型

2-6 選取並遮住

選取完畢之後,針對選區的另一種調整方式,是在選項列右邊點選**選取並遮住**(或叫做調整邊緣)按鈕,可進行選取範圍編修與微調,目的是為了讓選區更加精準。

1.　使用任一個選取工具建立選取範圍。

圖 2-6-1

2. 按下選項列的 選取並遮住... 按鈕以開啟面板，先依照原圖的背景挑選適合觀察的檢視模
式。

圖 2-6-2

圖 2-6-3　使用者可切換檢視模式來觀察何種模式比較適合觀察目前選取的狀態

2. 挑選適合的觀看模式之後，可調視情況調整各種項目到滿意的狀態。整各項數值的調
整參考：

邊緣偵測 / 半徑（圖 2-6-4）：主要會自動偵測選區與背景之間的界線，去抓取適合
的邊界，但仍須邊調整邊觀察，才能找到適合的臨界值。

平滑（圖 2-6-5）：可以改善不平整的邊界，但相對也會遺失細節，必須適當調整。

羽化（圖 2-6-6）：羽化值越高邊緣越模糊，若是希望得到清晰邊界的話，就不需調
整羽化。

數位影像基礎觀念　0

淺談選取與去背　1

選區編修與遮色片　❷

基本選取　3

智慧選取　4

路徑選取　5

色版選取　6

好用的輔助功能　7

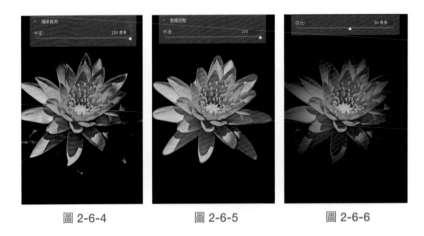

| 圖 2-6-4 | 圖 2-6-5 | 圖 2-6-6 |

對比（圖 2-6-7）：對比通常會在調整半徑後強化虛與實，因為當影像邊界呈現半透明狀態時，為了達到選取較確實、不帶透明度的影像，此時就會調高對比數值。

調移邊緣（圖 2-6-8）（圖 2-6-9）：經過半徑調整後，發現範圍過大或過小，就可使用調移編原來縮減或擴張邊界。降低數值就會縮減，反之則是擴張。

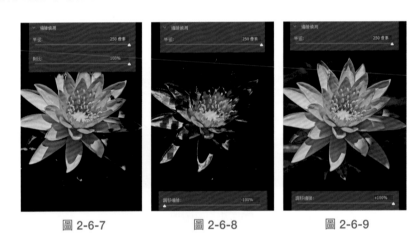

| 圖 2-6-7 | 圖 2-6-8 | 圖 2-6-9 |

建議以上數值必須綜合搭配並仔細觀察，才能得到最佳選取效果，而不是只單調整一項。若是需要增減局部選取範圍，在使用參數式的調整無法達到選取目的的話，亦可透過左上方工具列，可手動使用筆刷範圍塗抹需加入或刪除的選取範圍（圖 2-6-10、圖 2-6-11）。

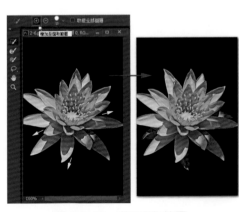

圖 2-6-10　增加選取範圍

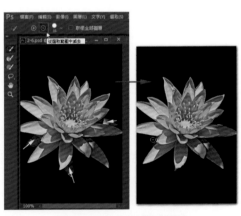

圖 2-6-11　刪除選取範圍

左側也可以選取不同工具模式來增減範圍：

快速選取筆刷工具模式：連續偵測大片範圍（工具詳細使用方式請見 4-2）

調整邊緣筆刷工具模式：偵測邊緣對比與差異自動揀選

筆刷工具模式：以確實的筆刷塗抹地區為範圍

套索工具 / 多邊形套索工具：以圈選地區為範圍（工具詳細使用方式請見 3-2）

手型工具：輔助畫面移動

放大鏡工具：輔助畫面縮放

圖 2-6-12

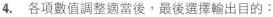

圖 2-6-13　　　　　　　圖 2-6-14

4. 各項數值調整適當後，最後選擇輸出目的：

圖 2-6-15

數位影像基礎觀念　0

淺談選取與去背　1

選區編修與遮色片　2

基本選取　3

智慧選取　4

路徑選取　5

色版選取　6

好用的輔助功能　7

以下分別為輸出到不同項目的結果：

圖 2-6-16

圖 2-6-17

圖 2-6-18

圖 2-6-19

圖 2-6-20

圖 2-6-21

2-7 遮色片原理與類型

　　Photoshop 中的遮色片分為快速遮色片、圖層遮色片、向量圖遮色片與剪裁遮色片。筆者前面在 2-3-2 已經跟各位介紹了快速遮色片，有別於其他遮色片，快速遮色片的目的在於選取，而其他遮色片的目的都在於影像的顯示與隱藏。

在使用遮色片之前，筆者先帶領各位認識影像編修中關於影像破壞的基本觀念。只要是永久變更像素的影像處理方式，都是屬於破壞性編輯，包含影像縮放、色彩調整，或是潤飾工具的局部處理、濾鏡套用均屬之。若是希望保留原來影像而不受到破壞，可加上遮色片，並在遮色片上編輯希望處理的部分。

遮色片好比眼鏡一樣，例如原先視力為 500 度的眼睛，透過近視眼鏡校正到剩下100 度，看出去的影像也跟著變清晰，但事實上眼睛原先的度數是沒有變更的，若移除眼鏡，眼睛視力還是維持在 500 度。換句話說，遮色片就像是一個暫時性輔助的零件，可以隨時關閉、開啟或移除而不變更或破壞原來影像，也不會使原來影像品質變好或變壞。

在圖層上使用的遮色片又分圖層遮色片與向量圖遮色片。圖層遮色片是以繪圖或選取工具編輯，且與解析度有關的點陣影像。向量圖遮色片與解析度無關，而且是以筆型或形狀工具建立而成。

圖層遮色片和向量圖遮色片都是非破壞性的編輯方式，也就是說，在建立後還可以回頭重新編輯遮色片，而不會遺失它們所隱藏的像素。

在「圖層」面板中，圖層遮色片和向量圖遮色片兩者都會顯示為圖層縮圖右側的額外縮圖。圖層遮色片的這個縮圖代表增加圖層遮色片時所建立的灰階色版。向量圖遮色片的縮圖則代表剪裁圖層內容的路徑。

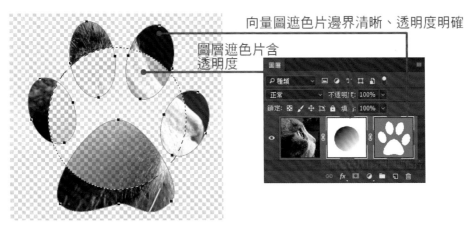

圖 2-7-1

內容面板中，可以檢視與編輯圖層遮色片與向量圖遮色片的濃度與羽化等數值，並且可以套用、開啟／關閉／刪除遮色片，或從遮色片載入選取範圍。

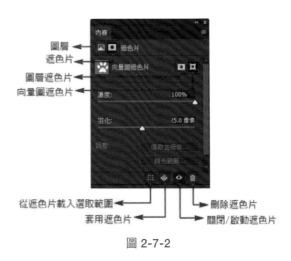

圖 2-7-2

0 數位影像基礎觀念

1 淺談選取與去背

2 選區編修與遮色片

3 基本選取

4 智慧選取

5 路徑選取

6 色版選取

7 好用的輔助功能

選取要添加遮色片的圖層，點選圖層面板底下的 ▣ 即可建立。點選第一次建立的是圖層遮色片，點選第二次產生的是向量圖遮色片。產生的遮色片預設值是白色，因此對影像畫面呈現暫時沒有影響。

圖 2-7-3 建立圖層遮色片與向量圖遮色片均由同一個 ▣ 按鈕產生

2-7-1　圖層遮色片

圖層遮色片的呈現以灰階為主，白色完全顯示，黑色完全隱藏，越接近白色就越明顯（顯示），越接近黑色就越透明（隱藏）。圖層遮色片及其套用情況：

圖 2-7-1-1　　　　　　　　　　　　　　圖 2-7-1-2

圖 2-7-1-3　　　　　圖 2-7-1-4　　　　　圖 2-7-1-5

❶ 新增圖層遮色片

由圖層面板操作：

【方法一】先建立圖層遮色片再編輯

先建立圖層遮色片（圖 2-7-1-6），接著可用任何能建立灰階影像的方式編輯，例如筆刷、漸層、選取範圍等（圖 2-7-1-7）。

圖 2-7-1-6

圖 2-7-1-7

【方法二】先選取範圍再建立圖層遮色片

先建立選取範圍，例如使用魔術棒工具選取較好選的區域，並反選切換到想選取的範圍（圖 2-7-1-8），再建立圖層遮色片（圖 2-7-1-9）。此種作法會將選取到的範圍自動在圖層遮色片中呈現白色（顯示）狀態，未選取處呈現黑色（隱藏）狀態（圖 2-7-1-10）。建立後若想再調整，仍可再使用筆刷等工具繼續編輯。請注意，若要修飾去背邊界，必須先套用遮色片（圖 2-7-1-15）才能使用圖層 / 移除白色邊緣調和功能（圖 2-7-1-17）。

圖 2-7-1-8

圖 2-7-1-9

圖 2-7-1-10

圖 2-7-1-11

圖 2-7-1-12

圖 2-7-1-13

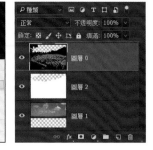

圖 2-7-1-14

圖 2-7-1-15

圖 2-7-1-16

數位影像基礎觀念 0

淺談選取與去背 1

選區編修與遮色片 2

基本選取 3

智慧選取 4

路徑選取 5

色版選取 6

好用的輔助功能 7

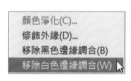

圖 2-7-1-17

圖 2-7-1-18

圖 2-7-1-19

由圖層選項選項操作：

透過圖層 / 圖層遮色片 / 全部顯現，可建立會顯現整個圖層的圖層遮色片。

透過圖層 / 圖層遮色片 / 全部隱藏，可建立會隱藏整個圖層的圖層遮色片。

圖 2-7-1-20

❷ 關閉 / 啟用套用 / 刪除圖層遮色片

　　圖層遮色片建立過後可透過「內容」面板中繼續編輯，或直接在圖層遮色片上按右鍵也可以操作這些項目。若編輯過後想要關閉、合併或刪除，可在遮色片縮圖上按右鍵選取操作項目。

圖 2-7-1-21

圖 2-7-1-22

「內容」面板中按下 可「關閉／啟動遮色片」，按一下 即可刪除圖層遮色片，或在圖層遮色片上按右鍵刪除。如果遮色片為關閉的，在「圖層」面板中的遮色片縮圖之上會出現一個紅色的 X，而且圖層的內容不會有遮色片效果。

圖 2-7-1-23

　　從遮色片載入選取範圍：「內容」面板中按下 可從遮色片載入選取範圍。

圖 2-7-1-24

　　套用遮色片：「內容」面板中按下 可從遮色片載入選取範圍。

圖 2-7-1-25

0 數位影像基礎觀念

1 淺談選取與去背

2 選區編修與遮色片

3 基本選取

4 智慧選取

5 路徑選取

6 色版選取

7 好用的輔助功能

2-7-2 向量圖遮色片

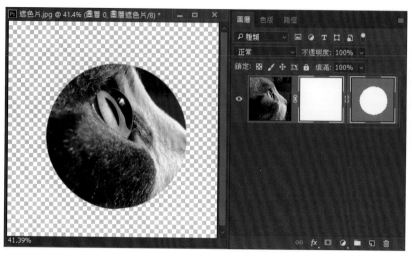

圖 2-7-2-1

　　向量圖遮色片的呈現以路徑為主，路徑內（白色部分）為顯示，路徑外（淺灰部分）及隱藏，並不支援漸進式透明成分。向量圖遮色片是與解析度無關、會剪裁圖層內容的路徑。向量圖遮色片通常會比使用像素式工具建立的遮色片更準確。可使用筆型工具或形狀工具來建立向量圖遮色片。

❸ 新增向量圖遮色片

　　由圖層面板操作：

　　透過圖層 / 向量圖遮色片 / 全部顯現，可建立會顯現整個圖層的向量圖遮色片。

　　透過圖層 / 向量圖遮色片 / 全部隱藏，可建立會隱藏整個圖層的向量圖遮色片。

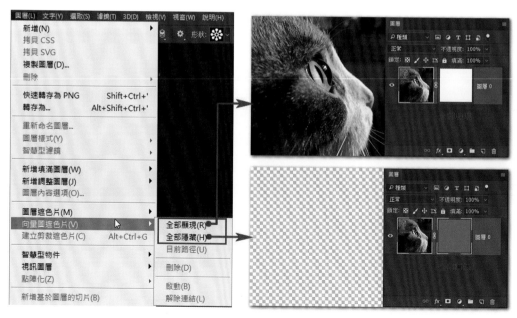

圖 2-7-2-2

由圖層選項選項操作：

【方法一】先建立向量圖遮色片。

（圖 2-7-2-3）再使用筆型、集合或自訂形狀建立路徑（圖 2-7-2-4）

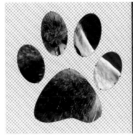

圖 2-7-2-3　　　　　　　　　　　　圖 2-7-2-4

【方法二】使用路徑建立向量圖遮色片。

點選圖層，並使用路徑選取工具或切換到路徑面板選取路徑，或使用形狀或筆型工具繪製工作路徑（圖 2-7-2-5），切換到圖面板並點選 2 次 ▣（第 2 次是建立向量圖遮色片）（圖 2-7-2-6），或是選擇「圖層 / 向量圖遮色片 / 目前路徑」。

圖 2-7-2-5　　　　　　　　　　　　圖 2-7-2-6

❹　編輯向量圖遮色片

切換到路徑面板，可使用筆型、加減錨點與直接選取工具更改形狀（圖 2-7-2-7）。

圖 2-7-2-7

0 數位影像基礎觀念

1 淺談選取與去背

2 選區編修與遮色片

3 基本選取

4 智慧選取

5 路徑選取

6 色版選取

7 好用的輔助功能

在「內容」面板中，可變更向量遮色片不透明度或羽化遮色片邊緣（圖 2-7-2-8）。

圖 2-7-2-8

❺ 關閉 / 啟動 / 刪除 / 套用向量圖遮色片

向量圖遮色片建立過後可透過「內容」面板中繼續編輯（圖 2-7-2-9），或直接在向量圖遮色片上按右鍵也可以操作這些項目（圖 2-7-2-10）。

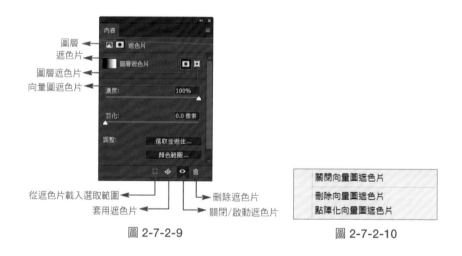

圖 2-7-2-9   圖 2-7-2-10

「內容」面板中按下 👁 可「關閉 / 啟動遮色片」，按一下 🗑 即可刪除向量圖遮色片，或在向量圖遮色片上按右鍵刪除。如果遮色片為關閉的，在「圖層」面板中的遮色片縮圖之上會出現一個紅色的 X，而且圖層的內容不會有遮色片效果（圖 2-7-2-11）。

圖 2-7-2-11

■ 從遮色片載入選取範圍

「內容」面板中按下 ▦ 可從遮色片載入選取範圍（圖 2-7-2-12）。

圖 2-7-2-12

■ 套用遮色片

「內容」面板中按下 ◈ 可從遮色片套用選取範圍（圖 2-7-2-13）。

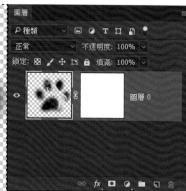

圖 2-7-2-13

■ 將向量圖遮色片轉換為圖層遮色片

執行「圖層／點陣化／向量圖遮色片」。將向量圖遮色片點陣化後即合併為圖層遮色片，就無法再將它變回向量物件（圖 2-7-2-14）。

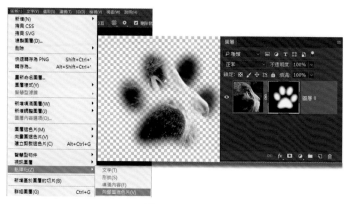

圖 2-7-2-14

數位影像基礎觀念　0

淺談選取與去背　1

選區編修與遮色片　2

基本選取　3

智慧選取　4

路徑選取　5

色版選取　6

好用的輔助功能　7

2-7-3　剪裁遮色片

以上兩種遮色片都可在各自圖層中完成，唯獨剪裁遮色片需用到兩個以上的圖層。底下的圖層做為遮色片，可以支援形狀物件或包含透明度的影像，上面的圖層做為要被剪裁的影像。

當剪裁遮色片建立時，就好把上圖層的影像塞入下圖層的範圍內，只有在該範圍內才能顯示上圖層的影像。被剪裁圖層的不透明內容可在剪裁遮色片中顯示，而剪裁圖層中的所有其他內容都會被遮去。（圖 2-7-3-1）

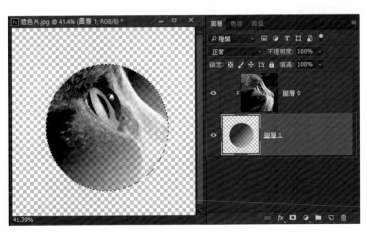

圖 2-7-3-1

一個剪裁遮色片中可剪裁多個圖層，但必須是連續圖層。遮色片中的基本圖層名稱會加上底線，上面圖層的縮圖則會縮排。上層圖層則會顯示剪裁遮色片圖示。

「圖層樣式」面板中的「混合剪裁圖層為群組」選項，會決定基本圖層的混合模式是影響整個群組，還是只影響基本圖層。

❶ 建立剪裁遮色片

在「圖層」面板中，將遮色片圖層排在要被剪裁的圖層下面（圖 2-7-3-2）。此示範的剪裁遮色片為帶有透明度的影像。

即將被剪裁圖層

剪裁遮色片圖層

圖 2-7-3-2

■ 從面板中建立

按住 Alt 鍵，將游標放在剪裁遮色片圖層與被剪裁圖層之間的交界直線上（圖2-7-3-3）當游標呈現 時，然後按一下左鍵即可建立。

圖 2-7-3-3

圖 2-7-3-4

■ 從圖層選向建立

選取被剪裁圖層，然後點選「圖層 / 建立剪裁遮色片」（圖2-7-3-6）。

圖 2-7-3-6

選取其他圖層重複執行上述動作，可連續剪裁到剪裁遮色片範圍中（圖2-7-3-7）。

圖 2-7-3-7

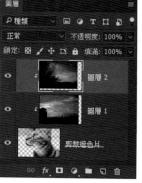

圖 2-7-3-8

圖 2-7-3-9

0 數位影像基礎觀念

1 淺談選取與去背

2 選區編修與遮色片

3 基本選取

4 智慧選取

5 路徑選取

6 色版選取

7 好用的輔助功能

被剪裁的圖層也可以調整混合模式使兩層影像疊加。

圖 2-7-3-10

圖 2-7-3-11

在剪裁遮色片中的圖層之間建立新的圖層,或是在剪裁遮色片中的圖層之間拖移未剪裁的圖層,該圖層就會變成剪裁遮色片的一部分(圖 2-7-3-12)。

圖 2-7-3-12

圖 2-7-3-13

可以拖曳該圖層到建材群組外部,即可回復一般圖層(圖 2-7-3-14)。

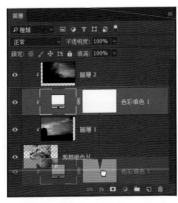

圖 2-7-3-14

圖 2-7-3-15

不管是剪裁遮色片圖層還是被剪裁的圖層，都仍可以各自增加圖層遮色片或向量圖遮色片。

圖 2-7-3-16

剪裁遮色片中的圖層會指定使用基本圖層的不透明度與模式屬性。

「圖層樣式」面板中的「混合剪裁圖層為群組」選項，會決定基本圖層的混合模式是影響整個群組，還是只影響基本圖層。當剪裁遮色片圖層有套用混合模式時，若勾選「混合剪裁圖層為群組」選項，則所有被剪裁的圖層也一併混合到底下的圖層中（圖2-7-3-17）；若許消勾選，被剪裁的圖層則維持各自原本的混合模式，不與外部圖層混合（圖 2-7-3-18）。

圖 2-7-3-17

圖 2-7-3-18

0 數位影像基礎觀念

1 淺談選取與去背

2 選區編修與遮色片

3 基本選取

4 智慧選取

5 路徑選取

6 色版選取

7 好用的輔助功能

- 從剪裁遮色片中移除圖層

  按住 Alt 鍵，將游標放在「圖層」面板中，在剪裁遮色片圖層與被剪裁圖層之間的交界直線上（當游標呈現 時，然後按一下左鍵即可取消剪裁（圖 2-7-3-19）。

圖 2-7-3-19

- 解除剪裁遮色片中的所有圖層

  選取被剪裁圖層，點選「圖層/解除剪裁遮色片」這個指令會從剪裁遮色片中移除選取的圖層和被剪裁的所有圖層（圖 2-7-3-20）。

圖 2-7-3-20

以上遮色片效果可單獨使用也可以綜合搭配使用，依據其不同特性加以善用，可以創作出層次豐富的影像作品。

2-8 圖層修邊

去背後的影像通常會作為其他檔案的素材，或接著加入其他影像作為背景，當新的背景與原來影像去背前的背景色調或明暗差異太大時，有時會使邊界有些格格不入，此時可以使用圖層修邊來校正。

原始影像　　　　　　　　　　　新背景　　　　　　　　　　合成後

圖 2-8-1　將白色扶桑花加入新背景後，扶桑花邊緣有一道明顯的黑邊

圖 2-8-2　放大觀察，黑邊非常明顯，主要是因為原先背景顏色很深

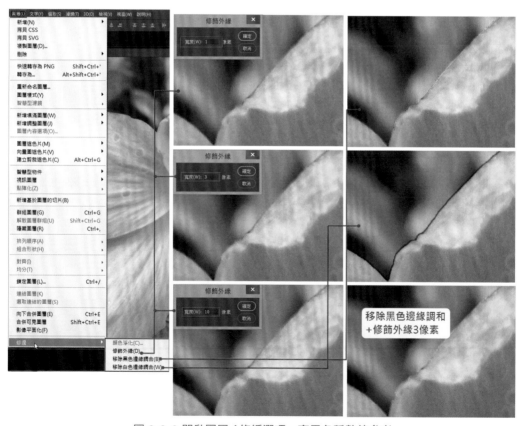

圖 2-8-3 開啟圖層／修編選項，套用各種數值參考

　　由上圖可知，修編選項不一定只能用一次也不一定只能用一個，可以多測試幾種效果並用。

0　數位影像基礎觀念

1　淺談選取與去背

2　選區編修與遮色片

3　基本選取

4　智慧選取

5　路徑選取

6　色版選取

7　好用的輔助功能

如果圖層修邊效果還是不好，可按下 `Ctrl` 並點選圖層縮圖以載入該圖層像素範圍作為選區，並在選區範圍使用筆刷，再搭配適當的色彩來修改。

圖 2-8-4　在花朵範圍中使用筆刷塗抹手動修正

Ps 圖層修邊使用限制

圖層修邊屬於破壞性編輯，只能用在像素邊界，不能使用在遮色片覆蓋的影像邊界。

CHAPTER 3

最方便的選取工具
基本選取

基本形狀的選取可透過左邊工具箱的基本形狀選取，而以這些選取工具的選取方式又可以幾何形狀、任意形狀與偵測形狀來區分之。

3-1 幾何形狀選取工具

幾何形狀選取，顧名思義就是利用建立矩形、橢圓等形狀來進行選取的工具。

在 Phototshop 中，左側工具箱裡提供的幾何形狀有矩形、橢圓、垂直單線與水平單線選取工具。

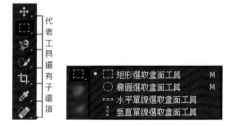

圖 3-1-1　工具按鈕按著不放即會展開所有子項目

❶ 矩形選取畫面工具

當選取到矩形選取畫面工具時，上方「選項列」會顯示矩形選取畫面工具的選項。

選取範圍的布林運算　溶解選取範圍的邊緣　平滑邊緣轉變　設定選取畫面工具如何繪圖　設定選取範圍的寬度與高度　建立或調整選取範圍

圖 3-1-2　矩形選取畫面工具的選項

在影像中，若是要以矩形選取畫面工具進行選取，可以按住左鍵往斜對角方向拖曳來建立選取範圍，例如左上角拉到右下角（也可右上往左下、左下往右上、右下往左上），放開左鍵後即完成選取範圍建立。

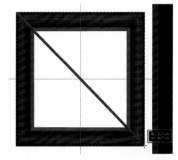

圖 3-1-3　往斜對角拖曳來建立選取範圍時，畫面也會提示目前的寬度 (W) 與高度 (H)

❷ 橢圓選取畫面工具

當選取到矩形選取畫面工具時，上方「選項列」會顯示橢圓選取畫面工具的選項。

選取範圍的布林運算　溶解選取範圍的邊緣　平滑邊緣轉變　設定選取畫面工具如何繪圖　設定選取範圍的寬度與高度　建立或調整選取範圍

圖 3-1-4

與矩形選取畫面工具相同，若是要以橢圓選取畫面工具進行選取，可以按住左鍵往斜對角方向拖曳來建立選取範圍，例如左上角拉到右下角（也可右上往左下、左下往右上、右下往左上），放開左鍵後即完成選取範圍建立。

圖 3-1-5

❸ 垂直單線與 水平單線工具

用來選取一個像素寬的滿版像素高或一個像素高的滿版像素寬的範圍。選取時只要在畫面點一下即可選取。

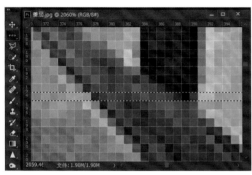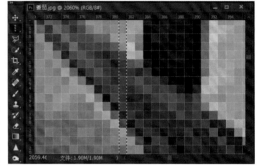

圖 3-1-6　使用垂直 / 水平單線選取工具時，在影像拉近後就能看到選取的範圍

垂直 / 水平單線選取工具使用的機會較少，只有少部分特定情況會用到。例如製作小尺寸的圖示。

3-1-1　選區的布林運算

已經建立好的矩形選區，可進一步透過布林運算來增加、減去或交集新的選區。

■ 新增選取範圍（圖 3-1-1-1）：使用此按鈕時，若是游標在選區外，則會捨棄目前選取範圍另外建立新的選取範圍；若是游標在選區內，則可移動選區。

■ 增加至選取範圍（圖 3-1-1-2）：使用此按鈕時，將會保留原來的選區，再把將要建立的選區合併進來。

■ 從選取範圍中減去（圖 3-1-1-3）：使用此按鈕時，將會把將要建立的選區，從原來的選區中扣除。

■ 與選取範圍相交（圖 3-1-1-4）：使用此按鈕時，將會保留原來的選區跟即將建立的選區重疊的部分。

0　數位影像基礎觀念

1　淺談選取與去背

2　選區編修與遮色片

❸　基本選取

4　智慧選取

5　路徑選取

6　色版選取

7　好用的輔助功能

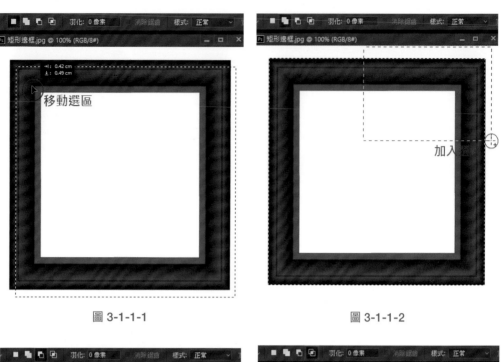

圖 3-1-1-1   圖 3-1-1-2

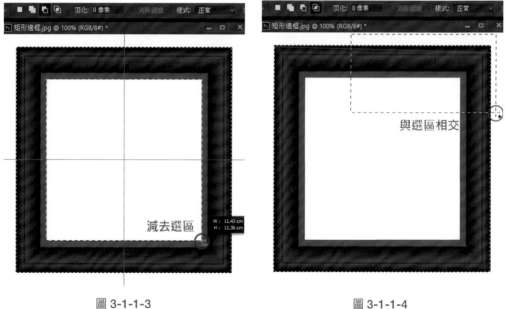

圖 3-1-1-3   圖 3-1-1-4

　　以上布林運算也適用於其他形狀選取工具，或各種形狀選取範圍彼此之間的運算，例如矩形＋橢圓或矩形減去橢圓等，筆者稍早已經針對布林運算做一詳細介紹，各位讀者可到 2-3 參考布林運算的其他用法。

數位影像基礎觀念　0

淺談選取與去背　1

選區編修與遮色片　2

基本選取　3

智慧選取　4

路徑選取　5

色版選取　6

好用的輔助功能　7

Ps 快捷鍵 / 控制鍵輔助

若希望建立正方形或正圓形選取範圍，在左鍵拖曳的同時按住 **Shift ↑** 鍵，或是由上方選項列先選固定比例再建立即可。若是希望起點固定中心往外拖曳建立選取範圍，可同時按住 **Alt** 鍵。

若是希望起點固定中心往外拖曳建立正方形選取範圍，可同時按住 **Shift ↑** + **Alt** 鍵。

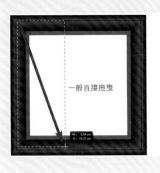
一般直接拖曳

拖曳時同時按住Shift

拖曳時同時按住 Shift + Alt

圖 3-1-1-5

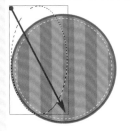
一般直接拖曳

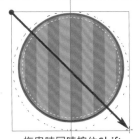
拖曳時同時按住Shift

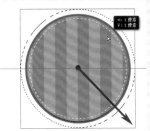
拖曳時同時按住Shift+Alt

圖 3-1-1-6

Ps 智慧型參考線提示

當選區（蟻形線）移動到畫面的水平或垂直的正中央時，會出現洋紅色的智慧形參考線如下：

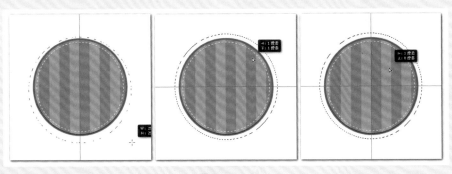
圖 3-1-1-7

智慧型參考線的設定可到編輯 / 偏好設定 / 參考線、格點與切片中進行修改：

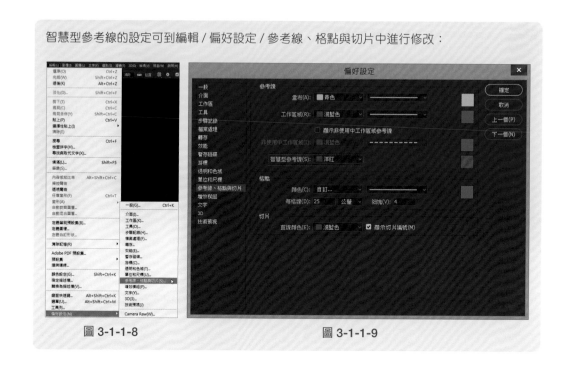

圖 3-1-1-8　　　　　　　　　　　　圖 3-1-1-9

3-1-2　建立選區的事前羽化與消除鋸齒

❶　羽化

　　大部分的形狀選取工具選項列上都會有羽化功能，以建立柔邊模糊的邊界。請特別注意，此項功能必須在建立選區之前就要設定，如此才能套用在即將選取的範圍中。

　　利用製造選取範圍和周圍像素之間的轉變邊界來模糊邊緣。這個模糊的動作會導致選取範圍邊緣的細部資料遺失。

　　羽化可用於「選取畫面」工具、「套索」工具、「多邊形套索」工具或「磁性套索」工具選項列中找到，可定義羽化效果，或者將羽化效果加入現有選取範圍。

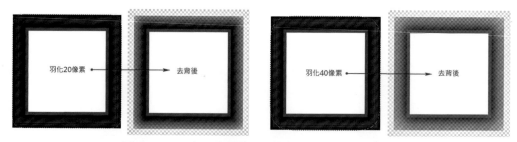

圖 3-1-2-1　套用的羽化數值越高，影像邊緣越模糊

❷ 消除鋸齒

　　利用柔化邊緣像素和背景像素間的顏色轉變，讓選取範圍的鋸齒邊緣變得平滑些，主要是針對弧形、不規則邊緣進行處理。由於只有邊緣像素會變更，所以不會遺失任何細部資料。「消除鋸齒」在剪下、拷貝與貼上選取範圍建立複合影像時，相當有用。 請特別注意，此項功能必須在建立選區之前就要設定，如此才能套用在即將選取的範圍中。

　　消除鋸齒可用於套索工具、多邊形套索工具、磁性套索工具、橢圓形選取畫面工具及魔術棒工具的選項列中找到，對於不會產生弧形邊緣的矩形選取工具卻不適用，因此呈現無法啟用的狀態。

圖 3-1-2-2　消除鋸齒遠看與近看效果

3-1-3　選區的樣式

　　筆者稍早提到建立選區時，可按住控制鍵 Shift ⬆ 來建立長寬一致的選區，除了這種方式，也可使用選項列中的樣式來挑選。

圖 3-1-3-1

　　正常：隨意拖曳建立選區，不受任何比例或尺寸限制。

　　固定比例：受到固定數值比例的限制。（圖 3-1-3-2）

　　固定尺寸：受到固定數值（單位）的限制。（圖 3-1-3-3）（圖 3-1-3-4）

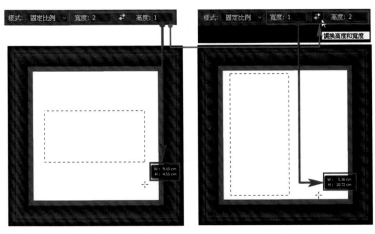

圖 3-1-3-2　可在寬度與高度欄位輸入要限制的比例，也可以互相調換

數位影像基礎觀念　0

淺談選取與去背　1

選區編修與遮色片　2

③　基本選取　3

智慧選取　4

路徑選取　5

色版選取　6

好用的輔助功能　7

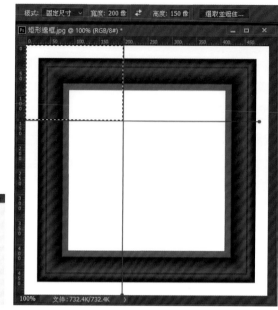

圖 3-1-3-3　可在寬度與高度欄位輸入要限制的數值。在數值上按右鍵可選取單位。(左圖為開啟尺標狀態，可對應尺標上的數值)

Ps 使用參考線輔助

圓形物件不如矩形物件容易對齊要選區起始點，此時可以從檢視 / 尺標來開啟尺標，並從水平與垂直尺標分別拖曳到畫面建立與圓形邊緣相切的參考線，如此便能輕鬆地在兩條參考線交叉點作為建立選取範圍參考的起始點了。

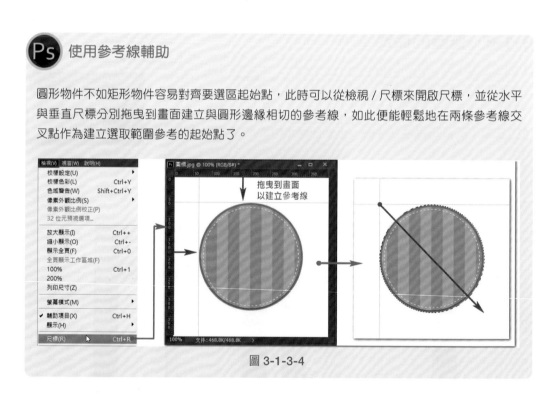

圖 3-1-3-4

3-1-4　幾何形狀選取工具的應用

當影像接近幾何造型時，或是條件允許時，就可以使用矩形選取工具進行初步建立選區，再使用其他方式調整選區，讓選區更精確。

E.g. 範例 **吐司麵包**

形體接近矩形的物件如書本、畫框、平板電腦、手機、土司等等影像檔案，如果邊界清晰、主體與背景色彩的對比高的話，就非常適合用矩形作為初步選取工具。

圖 3-1-4-1　吐司麵包可先使用矩形作為初步選取工具

1. 使用矩形選取畫面工具框選大約的選取範圍。

圖 3-1-4-2

2. 使用選取 / 變形選取範圍來手動調整變形控制點及參數，使矩形選區更加符合吐司（圖 3-1-4-3）

圖 3-1-4-3

數位影像基礎觀念　0

淺談選取與去背　1

選區編修與遮色片　2

❸ 基本選取

智慧選取　4

路徑選取　5

色版選取　6

好用的輔助功能　7

3. 按下選項列的 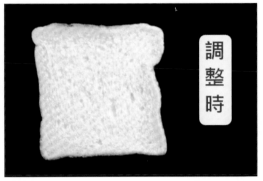 按鈕進行細部調整，完成調整後再進一步去背。

調整時

完成調整

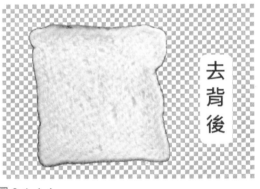

去背後

圖 3-1-4-4

4. 複製到其他影像上進行合成或其他編輯。

圖 3-1-4-5

E.g. 番茄

　　形體接近橢圓形的物件如球、雞蛋、水果等等影像檔案，如果邊界清晰、主體與背景色彩的對比高的話，就非常適合用矩形作為初步選取工具。

圖 3-1-4-6　番茄可先使用矩形作為初步選取工具

1. 使用橢圓選取畫面工具框選大約的選取範圍。

圖 3-1-4-7

2. 使用選取／變形選取範圍來手動調整變形控制點及參數，使矩形選區更加符合吐司（圖 3-1-4-8）

圖 3-1-4-8

0　數位影像基礎觀念

1　淺談選取與去背

2　選區編修與遮色片

3　基本選取

4　智慧選取

5　路徑選取

6　色版選取

7　好用的輔助功能

3. 按下選項列的 選取並遮住... 按鈕進行細部調整，完成調整後再進一步去背。

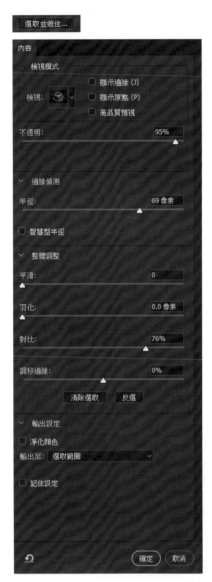

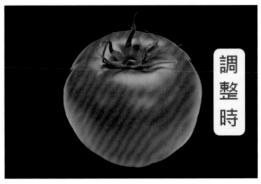

圖 3-1-4-9

4. 複製到其他影像上進行合成或其他編輯。

圖 3-1-4-10

數位影像基礎觀念 0

淺談選取與去背 1

選區編修與遮色片 2

基本選取 3

智慧選取 4

路徑選取 5

色版選取 6

好用的輔助功能 7

3-2 自由形狀選取工具

自由形狀選取工具，主要是可以隨心所欲建立各種不規則造型的選區。此類形工具包含套索工具與多邊形套索工具。（磁性套索屬於智慧型選取工具，將在第 4 章介紹）

圖 3-2-1

❶ 🔘 套索工具

選取範圍的布林運算　　溶解選取範圍的過緣　　平滑過緣轉變　建立或調整選取範圍

圖 3-2-2

當要選取的物件為不規則造型，無法使用幾何選取工具進形選取時，可以使用套索工具自由圈選，套索工具在使用時必須一氣呵成，唯使用滑鼠時圈選掌控較不易精確。而另一個使用時機在背景不構成障礙、或是不須精確圈選時，可以快速套用。

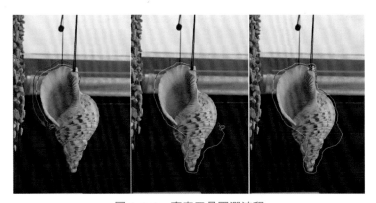

圖 3-2-3　套索工具圈選流程

當有不小心選取漏掉落或多出的範圍，也可用布林運算修正

圖 3-2-4　加選選區與結果

圖 3-2-5　減選選區與結果

套索選取完的區域也可使用選取並遮住來調整選區（可切換黑白底模式來確認），使之更加精確：

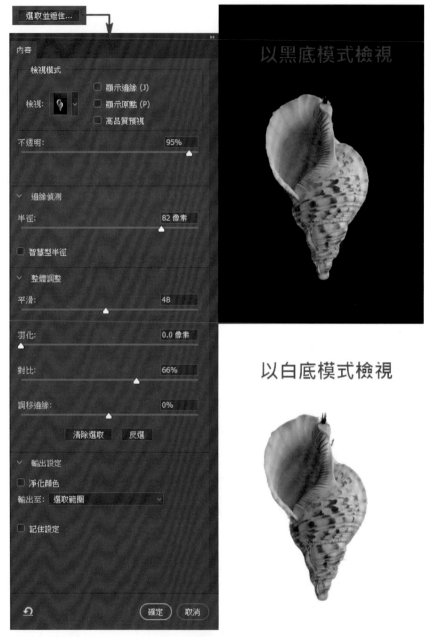

圖 3-2-6

0 數位影像基礎觀念

1 淺談選取與去背

2 選區編修與遮色片

3 基本選取

4 智慧選取

5 路徑選取

6 色版選取

7 好用的輔助功能

圖 3-2-7　完成選取與套用遮色片的結果

❸ 🦊 多邊形套索工具

圖 3-2-8

　　當想選取的東西呈現不規則多邊形、且大部分又多為連續直線非曲線結構時，例如都市、建築物、高樓大廈等，就非常適合使用多邊形套索。多邊形的套索就像連連看一樣，每在轉折處按一下滑鼠左鍵就會多紀錄一個轉折點，連續紀錄直到將範圍描繪結束後，在描繪的起始點點一下就可以封閉選取區域。

圖 3-2-9　連續點選以描繪選取範圍，終點與起點接合即封閉選取範圍，完成選取

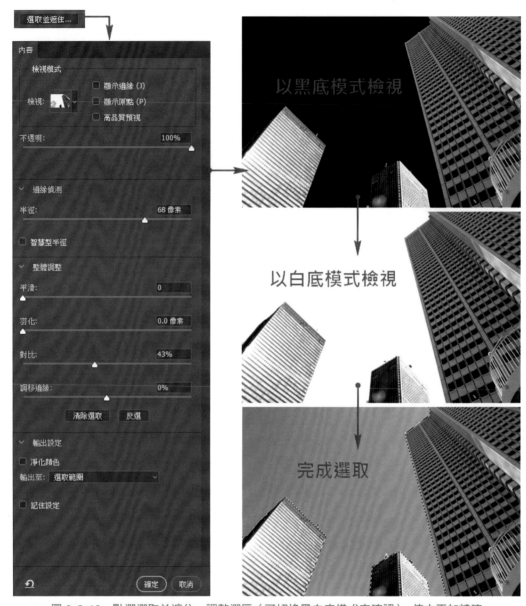

圖 3-2-10　點選選取並遮住，調整選區（可切換黑白底模式來確認），使之更加精確

圖 3-2-11　選取完畢即可進行去背、色調調整等合成

數位影像基礎觀念

0

淺談選取與去背

1

選區編修與遮色片

2

基本選取

3

智慧選取

4

路徑選取

5

色版選取

6

好用的輔助功能

7

Ps 多邊形套索與套索的切換

當欲選取的影像局部適用多邊形套索、局部適用套索工具時，可先使用多邊形套索描繪直線部分，再按住 Alt 切換到套索工具模式繼續描繪，想回到多邊形套索時再放開 Alt 即可。

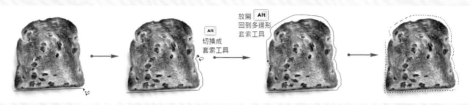

圖 3-2-12

使用多邊形套索進行選取時，按住 Shift ⇧ 可以往垂直、水平與 45 度方向拖曳（圖 3-2-13）；建立選區過程若不小心下錯點，也可以按住 Del 或返回上一個紀錄的點（圖 3-2-14）。

圖 3-2-13　　　　　　　　　　　　　　　圖 3-2-14

3-3 文字選取工具

　　文字形狀的選取工具並沒有附屬在選取類型的工具中，而是附屬在文字工具裡。長按文字工具按鈕可以展開文字類型的工具選單，裡面除了一般的水平 / 垂直文字工具之外，還有屬於選取用的水平 / 垂直文字遮色片工具。

圖 3-3-1

　　水平 / 垂直文字遮色片工具的選項列中，跟一般文字工具並無太大差異，唯色彩部分在選區中無法呈現。

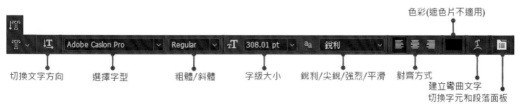

圖 3-3-2　水平 / 垂直文字遮色片工具的選項列

❶ 水平 / 垂直文字遮色片

使用水平 / 垂直文字遮色片工具時，可在影像中點一下並輸入文字，此時文字會呈現模擬快速遮色片時使用的指示色彩（紅色），但這個顏色並非最後呈現的顏色，輸入完畢後按下打勾以確認完成文字輸入後，就會轉為選區（蟻形線）（圖 3-3-3）。

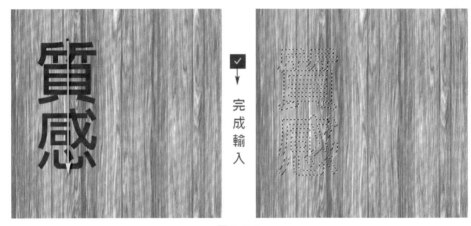

圖 3-3-3

除了直接輸入水平 / 垂直方線文字之外，文字遮色片也可以製作**路徑文字遮色片**與**區域文字遮色片**。

❷ 路徑文字遮色片

是先使用向量圖類的工具（如筆型工具、矩形、圓角矩形、橢圓形、多邊形、直線、自訂形狀）建立路徑後，沿著路徑方向輸入文字以建立遮色片的效果。

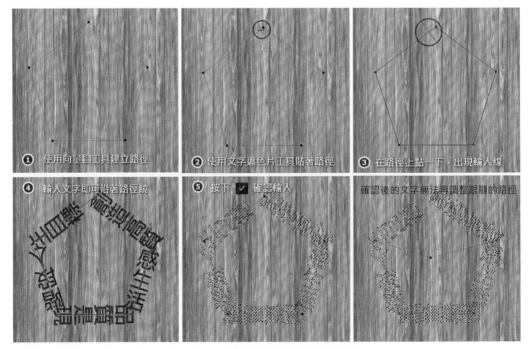

圖 3-3-4　路徑文字遮色片的建立流程

❸ 區域文字遮色片

　　是先使用向量圖類的工具（如筆型工具、矩形、圓角矩形、橢圓形、多邊形、直線、自訂形狀）建立路徑後，沿著路徑方向內側輸入文字來填滿路徑區域而建立遮色片的效果。

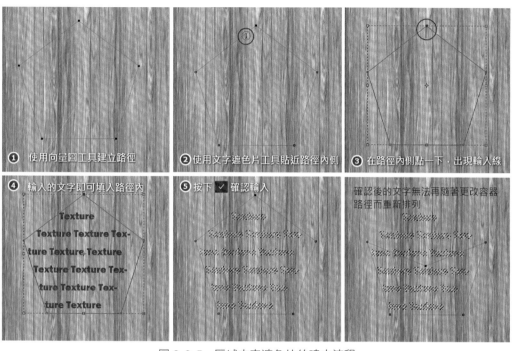

① 使用向量圖工具建立路徑　② 使用文字遮色片工具貼近路徑內側　③ 在路徑內側點一下，出現輸入線

④ 輸入的文字即可填入路徑內　⑤ 按下 ✔ 確認輸入　確認後的文字無法再隨著更改容器路徑而重新排列

圖 3-3-5　區域文字遮色片的建立流程

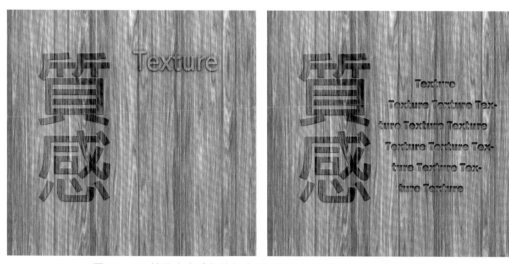

圖 3-3-6　善用文字遮色片加上圖層樣式可以創造出特殊質感效果

數位影像基礎觀念　0

淺談選取與去背　1

選區編修與遮色片　2

基本選取　❸

智慧選取　4

路徑選取　5

色版選取　6

好用的輔助功能　7

3-4 基本選取與綜合範例應用

範例 放鬆度假去

合成重點：使用基本選取如矩形、橢圓、多邊形、文字遮色片等，搭配圖層遮色片、混合模式與筆刷完成作品。

圖 3-4-1　完成圖

圖 3-4-2　使用素材

1. 使用多邊形套索 工具將木屋範圍框選，接著複製到咖啡杯圖檔中（圖 3-4-3）。

圖 3-4-3

數位影像基礎觀念

0

淺談選取與去背

1

選區編修與遮色片

2

基本選取

3

智慧選取

4

路徑選取

5

色版選取

6

好用的輔助功能

7

2. 圖層命名為木屋，並在縮放之前轉為智慧型物件，避免編輯時像素遭受破壞。隱藏木屋圖層。

圖 3-4-4

圖 3-4-5

圖 3-4-6

3. 使用橢圓選取工具  圈選咖啡杯口範圍（圖 3-4-7），顯示並選取木屋圖層（圖 3-4-8），加上圖層遮色片（圖 3-4-9）。

圖 3-4-7

圖 3-4-8

圖 3-4-9

圖 3-4-10

4. 此用白色筆刷在圖層遮色片中，避開杯口下緣處，將木屋範圍塗抹白色讓木屋顯示（圖 3-4-11）。

5. 開啟內容面板，稍微調整羽化，讓遮色片邊緣與杯口柔和融入（圖 3-4-12）。

圖 3-4-11

圖 3-4-12

圖 3-4-13

圖 3-4-14

6. 切換到造型樹圖檔中，使用橢圓選取工具圈選樹球範圍，並使用增加選取區域模式，在切換到矩形選取工具，加選下面樹幹部分（圖 3-4-15）。

7. 點選 選取並遮住... 按鈕開啟調整邊緣（圖 3-4-16），使選取邊緣精確吻合（圖 3-4-17）（圖 3-4-18）。

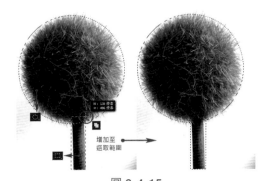

圖 3-4-15

圖 3-4-16

圖 3-4-17

圖 3-4-18

8. 將選取的影像複製到主檔案中（圖 3-4-19），並且依照畫面中的光源方向，左右翻轉樹圖層（圖 3-4-20）。

圖 3-4-19   圖 3-4-20

9. 將樹放置到適當位置（圖 3-4-21），並且多複製幾棵樹，調整圖層前後，使畫面豐富（圖 3-4-22）。

圖 3-4-21   圖 3-4-22

0 數位影像基礎觀念

1 淺談選取與去背

2 選區編修與遮色片

❸ 基本選取

4 智慧選取

5 路徑選取

6 色版選取

7 好用的輔助功能

10. 由於樹的光源不若木屋明顯，可局部使用加亮工具 使樹的受光面更明顯（圖 3-4-23）。

圖 3-4-23

11. 新增圖層命名為圓點（圖 3-4-25），使用固定比例 1：1 並維持加選狀態（圖 3-4-24），圈選幾個圓圈（圖 3-4-26），填滿白色（圖 3-4-27）（可將前景色設定為白色，按 Alt + Del 快速填滿），將混合模式設定為覆蓋，並且調整不透明度與圖層位置（圖 3-4-28）。可重複數次，讓影像圖層更豐富（圖 3-4-31）。

圖 3-4-24

圖 3-4-25

圖 3-4-26

0 數位影像基礎觀念

1 淺談選取與去背

2 選區編修與遮色片

3 基本選取

4 智慧選取

5 路徑選取

6 色版選取

7 好用的輔助功能

圖 3-4-27　　　　　　　　　　圖 3-4-28

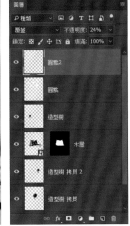

圖 3-4-29　　　　　　圖 3-4-30　　　　　　圖 3-4-31

12. 新建圖層，命名為放射光（圖 3-4-32），並使用矩形選取工具框選一長條範圍（圖 3-4-33），填滿白色（圖 3-4-34）。

圖 3-4-32　　　　　圖 3-4-33　　　　　　圖 3-4-34

13. **Ctrl** +J 多複製幾次（圖 3-4-35），此時可發現圖層全部重疊於相同位置（圖 3-4-36），將最上層的放射光矩形移動到畫面右邊（圖 3-4-37），並選取所有放射光圖層（圖 3-4-38），選取選項列中的 ⬛ 均分水平居中（圖 3-4-39），此時畫面中放射光矩形已經平均分散（圖 3-4-40）。

14. 維持全部放射光矩形圖層選取狀態，按下 **Ctrl** +E 合併圖層（圖 3-4-41）。

15. 套用編輯 / 變形 / 透視（圖 3-4-42），將放射光變形控制框下邊往內縮小（圖 3-4-43）。

圖 3-4-35　　圖 3-4-36　　圖 3-4-3　　圖 3-4-38

圖 3-4-39

圖 3-4-40

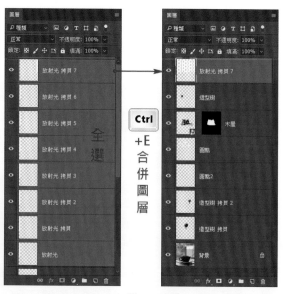

圖 3-4-41

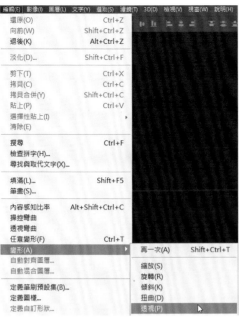

圖 3-4-42

圖 3-4-43

16. 套用編輯 / 變形 / 彎曲，切換至彎曲模式 ![彎曲圖示]，並套用弧形（圖 3-4-44），觀察並調整數值到滿意為止。（圖 3-4-45）

17. 移動圖層到木屋底部，並將混合模式改為覆蓋，降低透明度（圖 3-4-46）。

圖 3-4-44

圖 3-4-45

數位影像基礎觀念　0

淺談選取與去背　1

選區編修與遮色片　2

基本選取　❸

智慧選取　4

路徑選取　5

色版選取　6

好用的輔助功能　7

圖 3-4-46

18. 新增圖層命名為暗角，選取漸層工具，選取白到黑漸層，套用放射狀形狀（圖 3-4-47），在畫面由中心向外填滿漸層，切換混合模式為柔光（圖 3-4-48）。

圖 3-4-47

圖 3-4-48

19. 選取平文字遮色片圖層，在咖啡杯上面輸入文字，建立文字選取範圍（圖 3-4-49）。

20. 切換至背景圖層，`Ctrl` +J 複製影像到新圖層（圖 3-4-50），套用圖層樣式 / 斜角與浮雕，調整至滿意效果（圖 3-4-51）（圖 3-4-52）。

圖 3-4-49

圖 3-4-50

圖 3-4-51

數位影像基礎觀念　0

淺談選取與去背　1

選區編修與遮色片　2

基本選取　3

智慧選取　4

路徑選取　5

色版選取　6

好用的輔助功能　7

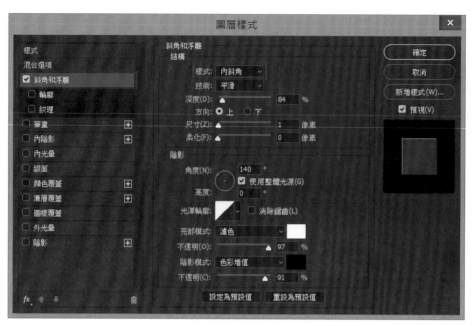

圖 3-4-52

21. 依個人喜好新增圖層加上文字標題。（圖 3-4-53）

圖 3-4-53

3-1 幾何形狀選取工具、3-2 自由形狀選取工具、3-3 文字選取工具、2-7-1 圖層遮色片、6-2 混合模式、7-1 變形影像。

CHAPTER 4

最聰明的選取工具

智慧選取

智慧型的選取工具主要會依照影像的邊界、或是色彩的對比度進行偵測查找，節省工作時間、提高效率。值得注意的是，在使用此類工具進行選取時必須給予條件明確、界線／色彩清晰的影像，條件越好，選取就能越精確；條件越差，反而失去使用此類工具的意義了。

在 Photoshop 中，有許多工具都是依照影像的邊界、或是色彩的對比度條件進行運作的，例如魔術棒、魔術橡皮擦、快速選取、磁性套索等等，甚至在向量圖類型的工具中的創意筆工具，也提供了磁性選項。

圖 4-0-1

4-1 智慧偵測邊緣的磁性套索

筆者在第 3 章已經跟各位介紹自由選取工具中的套索工具與多邊形套索，而磁性套索同屬套索類選取工具，但不同的是磁性套索並非自由選取，而是針對影像邊界與色彩條件進行查找與吸附。

設定邊緣距離以符合路徑　使用數位板的壓力以更改筆的寬度

選區的布林運算　平滑邊緣轉變　設定新增點到路徑上的頻率　建立或調整選取範圍
溶解選取範圍的邊緣　設定邊緣距離以符合路徑

圖 4-1-1　磁性套索的選項列

使用磁性套索前，先找一個適當的起點（最好是影像清晰的邊界）點一下左鍵，接著順著影像邊界進行移動（不須一直手動點選），此時磁性套索會自動偵測吸附在影像邊界並逐一增加紀錄點，直到繞回起點時，出現小圓圈圖示時，再點一下滑鼠左鍵即可完成封閉區。描繪過程中若是遇到邊界不清楚無法自動偵測吸附時，也可自己手動按一下滑鼠左鍵來新增紀錄點；而描繪過程中若不小心游標偏移太多而造成新增到錯誤的紀錄點時，也可及時按下 **Backspace** 來回復到上一個紀錄點，此時要注意游標必須跟著紀錄點退回去，否則就算刪掉先前錯誤的紀錄點，也會馬上在偏移的位置又出現不需要的紀錄點。

圖 4-1-2　磁性套索的使用流程

4-1-1　寬度

磁性套索的選項中，寬度是吸附影像時，游標的距離限制。寬度數值越低時，游標必須緊緊跟著影像邊界描繪，不容許偏移太多，否則將在偏移處產生不必要的紀錄點；寬度數值越高時，游標雖然最好也能接近影像邊界描繪，但允許偏移的距離比較廣，即是有些偏差也能輕鬆描繪，較能節省工作時間。但要注意的是，不是所有影像都適用較高的寬度值，偏移的區域若是參雜有其他色彩或邊界，磁性套索也有可能偵測維新的邊界而加以記錄。

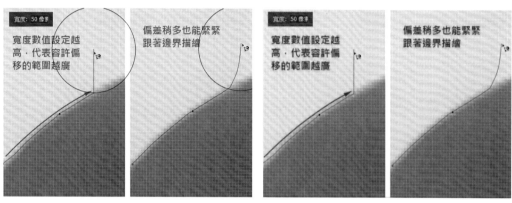

圖 4-1-1-1　寬度值高低的差異

4-1-2　對比

影像邊界色彩對比越明顯，磁性套索選取越容易；反之，色彩太相近就不容易辨識查找邊緣。

不過在磁性套索中的對比選項仍能子數值設定對比數值以符合要查找的邊界，讓選取更容易。較高的數值只能偵測到與背景對比較高的邊緣，因此較不利於相近色邊緣的選取；反之，較低的數值比較能敏銳地辨識對比較低的邊界，對於相近色邊界較能有效選取。

圖 4-1-2-1　對比值高與低的差異

4-1-3　頻率

在使用磁性套索時，套索在行進中將會針對遇到轉折或細節的部分添加紀錄點。頻率數值調高時，紀錄點的間距會縮短，也比較密集，但選取的邊界也比較不平滑；反之，紀錄點就比較稀疏，但選區的邊界就會相對平滑。

0　數位影像基礎觀念
1　淺談選取與去背
2　選區編修與遮色片
3　基本選取
4　智慧選取
5　路徑選取
6　色版選取
7　好用的輔助功能

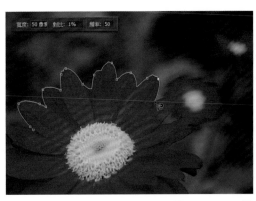

圖 4-1-3-1　頻率值高與低的差異

Ps　磁性套索與多邊形套索的切換

使用磁性套索描繪影像邊界時，按住 Alt 鍵可以切換成多邊形套索，如果要轉回磁性套索時放開 Alt 鍵在點一下滑鼠左鍵即可恢復。（圖 4-1-3-2）

磁性套索　　　　　　按住 Alt 轉換成多邊形套索　　　　放開 Alt 轉回磁性套索

圖 4-1-3-2

4-2 智慧偵測色彩的魔術棒工具

　　魔術棒是針對色彩進行選取一種工具，主要在於透過辨識色彩的色相、對比間之差異，來建立選取範圍。對於色彩選取上又可自行設定容許度，可使選取更加靈活有彈性。

只取樣連續的像素

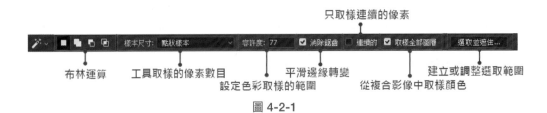

布林運算　　　工具取樣的像素數目　　　　　　平滑邊緣轉變　　　　　　建立或調整選取範圍
　　　　　　　　　設定色彩取樣的範圍　　　　　從複合影像中取樣顏色

圖 4-2-1

4-2-1　色彩選取與容許度

❶ 容許度的原理

在 Photosop 中有許多工具都是依照色彩的對比或成分來作為處理的依據，例如魔術棒工具（選取）、魔術橡皮擦（擦除）、油漆桶（著色）等等。這些工具在使用前都必須經過容許度的設定，才能達到精確的處理效果。

而所謂的容許度，就是以下筆處為取樣中心，對於周圍像素色彩可以容許的程度。容許度高，可以允許的色彩誤差就越大；容許度越低，可以允許色的的誤差就越小。

容許度的數值為 0~255，總共為 256，也就是 RGB 色彩各分為 256 階，數值 0 表示能接受一個色階，數值 255 代表可以接受所有的色階。影像若是灰階模式，就是將灰階度切分為 256 階（圖 4-2-1-1）。假設將容許度設為 30 時，範圍會落在正負 30 階中（圖 4-2-1-2）。將灰階劃分為 256 階與 30 階時的選取狀態（圖 4-2-1-1）（圖 4-2-1-2）。

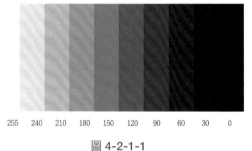

圖 4-2-1-1　　　　　　　　　　　　　圖 4-2-1-2

當色彩不是灰階，而是由 RGB 組合而成時，假設將容許度設為 30 時，範圍會落在各色的正負 30 階中。以下圖為例橫向為藍的 256 階切分，直向為黃色的 256 階切分，當兩色重疊時，各自取了前後 30 階的色彩。兩色分開來看的 30 階容許度（圖 4-2-1-3、4-2-1-4），兩色重疊後，選取範圍落在各自 30 階的交集處（圖 4-2-1-5）。

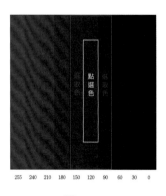
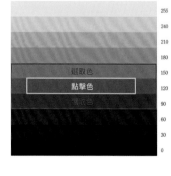
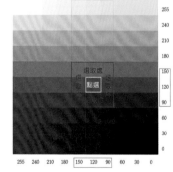

圖 4-2-1-3　　　　　　　　圖 4-2-1-4　　　　　　　　圖 4-2-1-5

0　數位影像基礎觀念

1　淺談選取與去背

2　選區編修與遮色片

3　基本選取

❹　智慧選取

5　路徑選取

6　色版選取

7　好用的輔助功能

❷　容許度高低與色相的關係

　　既然容許度越大，選擇色彩的階數就會越廣，那麼代表接受選取的色相就越多；反之，受選取的色相就越少。

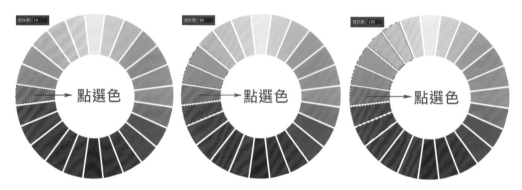

圖 4-2-1-6　途中以點選橘紅色進行取樣，分別在容許度 10、60、120 時所選到的色彩

❸　樣本尺寸

　　樣本尺寸是指取樣時相素的範圍。在 Photoshop 中跟偵測色彩有關係的工具，除了會使用到容許度外，取色 / 選取 / 著色 / 擦除範圍也會受到樣本尺寸大小的影響。當樣本尺寸設定在點狀樣本時，擷取的色彩就是當下點到的像素；3x3 平均相素時，就會取 3x3 範圍色彩的平均值；5x5 平均相素時，就會取 5x5 範圍色彩的平均值。

圖 4-2-1-7

　　滴管工具就是以這樣的範圍來取樣色彩；而魔術棒就是以這樣的範圍來建立選取範圍；油漆桶工具就是以這樣的範圍來著色；魔術橡皮擦就是以這樣的範圍來擦除影像像素。

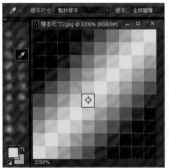
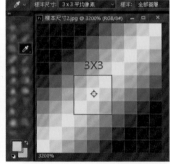

圖 4-2-1-8　滴管工具取色點與點狀樣本數值設定的結果

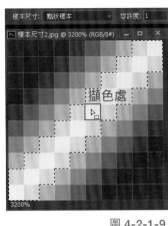
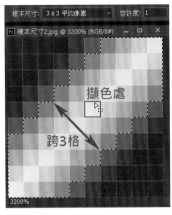
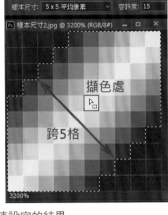

圖 4-2-1-9　魔術棒工具選色點與點狀樣本數值設定的結果

　　在下點處相同的情況下，使用魔術棒選取影像時容許度高時能選範圍較廣，容許度低時能選到的範圍較少。

圖 4-2-1-10　不同容許度的選取結果

4-2-2　連續 / 不連續

　　在 Photoshop 中跟偵測色彩有關係的工具，如魔術棒工具（選取）、魔術橡皮擦（擦除）、油漆桶工具（著色）也都有連續 / 不連續的選項。在進行取樣色彩時容許度內的色彩將被判定為同一範圍（後面稱為 A 範圍），容許度外的色彩將被判另為另一個範圍（後面稱為 B 範圍），當一個畫面有多處 A 範圍是被 B 範圍隔開會切割的話，這些 A 範圍便屬於不連續。假如勾選連續的選項，則只有選色點處的 A 範圍會被選中，其他被 B 範圍隔開的就不會被選取；假如取消勾選連續的選項，則整個畫面所有的 A 範圍都會被選中，不論是否被其他 B 範圍隔開。

數位影像基礎觀念　0

淺談選取與去背　1

選區編修與遮色片　2

基本選取　3

智慧選取　4

路徑選取　5

色版選取　6

好用的輔助功能　7

圖 4-2-2-1　選取白色茶壺範圍時，勾選 / 不勾選連續的項目，將影響白色茶杯是否被選取

4-2-3　取樣全部圖層

取樣全部圖層這個選項適用於當檔案有一個以上的圖層，是否要將取樣的對象設定在所有圖層。

當勾選取樣全部圖層時，只要符合點選處容許度範圍的色彩，不管是哪個圖層都將被選取（圖 4-2-3-1）；不勾選取樣全部圖層時，取樣對象則取決於目前所選圖層（圖 4-2-3-2）（圖 4-2-3-3）。

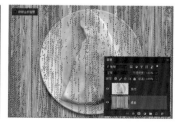

圖 4-2-3-1　　　　　　　　　圖 4-2-3-2　　　　　　　　　圖 4-2-3-3

4-3 智慧偵測色彩與邊緣的快速選取工具

快速選取工具，顧名思義就是快。可透過拖曳滑鼠讓游標自動查找相同性質色彩或影像的邊界，非常適合使用在對比明顯與邊界清晰的影像中。

自複合影像取樣顏色　建立或調整選取範圍

加/減選　筆刷選項　自動增強選取範圍邊緣

圖 4-3-1

4-3-1　快速選取工具的原理

快速選取工具只要以筆刷大小作為偵測感應的範圍。在想要選取的範圍中，若是色彩差異較大，尺寸越大越能加速查找邊緣的速度；反之，在色彩差異較大的範圍中，使用尺寸越小的筆刷進行選取，就比較容易被色彩對比較高的影像堵住。

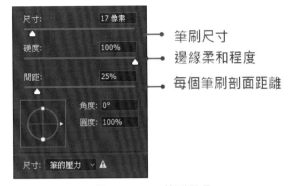

筆刷尺寸
邊緣柔和程度
每個筆刷剖面距離

圖 4-3-1-1　筆刷選項

圖 4-3-1-2　筆刷尺寸為 1 時，偵測範圍較窄，尚未能抓取葉片邊界

圖 4-3-1-3　筆刷尺寸為 70 時，已經能偵測到葉片左邊邊界

圖 4-3-1-4　筆刷尺寸為 150 時，已經能偵測到葉片左右邊界

4-3-2　使用時機與限制

當影像邊界清晰、內外色彩對比明顯時，就很適合使用快速選取工具。例如白花與綠葉（圖 4-3-2-1），白花中雖還有花心等其他色彩，但都同屬淺色，因此快速選取工具將之判定成同一區域；影像與背景都屬淺色系的餐桌與餐具（圖 4-3-2-2），邊界即使清楚，也很容易選取失敗，因為在滑鼠滑行的過程中，背景被判定與影像為同樣區域的機會就會提高，色彩對比為快速選取工具偵測的重要指標。

圖 4-3-2-1

圖 4-3-2-2

0　數位影像基礎觀念

1　淺談選取與去背

2　選區編修與遮色片

3　基本選取

4　智慧選取

5　路徑選取

6　色版選取

7　好用的輔助功能

4-4 橡皮擦工具

橡皮擦工具選橡裡面包含橡皮擦工具、背景橡皮擦工具與魔術橡皮擦工具。其中橡皮擦工具依照使用者自由使用，背景橡皮擦與魔術橡皮擦主要依據影像色彩與邊界來進行偵測處理。

圖 4-4-1

❶ 前景色與背景色

Photoshop 使用會使用前景色繪畫、填色和塗畫選取範圍，以及使用背景色製作漸層填色並填滿影像中的擦除區域。某些特殊效果濾鏡也會使用前景色和背景色。使用滴管工具、顏色面板、色票面板、或 Adobe 檢色器，可以指定新的前景色或背景色。

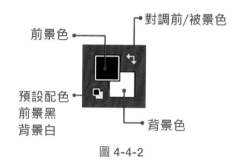

圖 4-4-2

預設的前景色是黑色，預設的背景色則是白色（在 Alpha 色版中，預設的前景色是白色，預設的背景色則是黑色）。將游標放在前景色或背景色的色塊中會出現滴管圖式，此時點一下就可以開啟檢色器來選取色彩。

圖 4-4-3　一般檢色

圖 4-4-4　網頁檢色

4-4-1　橡皮擦工具

橡皮擦工具用來擦除影像色彩，擦除後的像素將呈現透明 / 背景色。

假如擦除對象是一般圖層，那麼擦掉的部分將呈現透明像素；若擦除對象為背景圖層，那麼擦掉的部分將呈現背景色。

圖 4-4-1-1

❶ 筆刷預設面板

　　預設筆刷是包含已定義特性（例如大
小、形狀和硬度）的儲存筆尖。使用者可以
將常使用的特性隨同預設筆刷儲存，也可以
儲存「筆刷」工具的工具預設集，這可以從
選項列的「工具預設」選單選取。使用筆刷
類型工具（繪圖類如**筆刷** /**鉛筆** /**顏色取代**
/ **混合器筆刷、橡皮擦** / **背景橡皮擦、仿製**
/ **圖樣印章工具**，修圖類如**污點修復筆刷** /
修復筆刷、指尖 / **銳利化** / **模糊工具**，選取
類如**快速選取工具**）都可以透過筆刷預設面
板來調整筆刷範圍、尺寸、羽化等參數。

圖 4-4-1-2

❷ 切換筆刷面板

　　基本的筆刷參數設定可由筆刷預設面板
進行調整，較進階的筆刷設定選項可開啟筆
刷面板進一步調整並觀察。

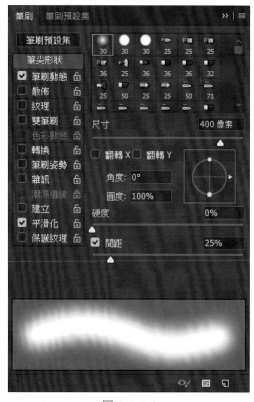

圖 4-4-1-3

❸ 模式

　■ **擦除模式**

　　在橡皮擦工具中的模式選像提供了筆
刷、鉛筆、區塊三種類型。

圖 4-4-1-4

數位影像基礎觀念　0

淺談選取與去背　1

選區編修與遮色片　2

基本選取　3

智慧選取　❹

路徑選取　5

色版選取　6

好用的輔助功能　7

■ 筆刷模式

可在筆刷預設集中挑選各種不同筆刷來使用，變化較多也富有層次，可提供不同硬度來筆刷羽化邊緣。（圖 4-4-1-5）

■ 鉛筆模式

仍可在筆刷預設集中挑選各種不同筆刷來使用，唯不提供硬度選項，因筆觸較為銳利，無法羽化筆刷邊緣。（圖 4-4-1-6）

■ 區塊模式

提供正方形筆刷剖面，對於角落處理比較方便，不提供選取筆刷類型，也不提供硬度選項，筆觸較為銳利。（圖 4-4-1-7）

圖 4-4-1-5　筆刷模式　　　圖 4-4-1-6　鉛筆模式　　　圖 4-4-1-7　區塊模式

❹　橡皮擦不透明度與筆畫流量

　　一筆畫刷過時，會發現筆畫是由好幾個密集的筆刷剖面構成，將不透明度降低時，筆畫將呈現半透明狀態，但每個筆刷剖面並不會彼此疊加（圖 4-4-1-8）；降低流量時，筆畫將呈現半透明狀態，但每個筆刷會彼此疊加，重疊處的濃度比未重疊的地方更濃（圖 4-4-1-9）。

圖 4-4-1-8　　　　　　　　　圖 4-4-1-9

數位影像基礎觀念 0

淺談選取與去背 1

選區編修與遮色片 2

基本選取 3

智慧選取 ④

路徑選取 5

色版選取 6

好用的輔助功能 7

■ 噴槍樣式

噴槍樣式是指當滑鼠按著不放時，筆刷連續噴灑疊加的效果，此效果需在流量不滿 100 時才會有明顯效果。噴槍樣式未開啟時按著滑鼠不放，不管經過多久，使用任何筆刷都只塗抹一次就不再繼續疊加（圖 4-4-1-9 中紅色格線左側）；噴槍樣式開啟時按著滑鼠不放，經過時間越久，定點式筆刷疊加就越濃直到達到完全不透明為止，噴灑是筆刷則會一直隨機噴灑。（圖 4-4-1-10 中紅色格線右側）

圖 4-4-1-10

■ 步驟紀錄擦除

在 Photoshop 中的步驟紀錄面板會記錄每一個執行過的動作。例如我在畫面使用橡皮擦工具在畫面擦了三次，步驟紀錄就有三次橡皮擦的紀錄（圖 4-4-1-10）。使用橡皮擦工具中的勾選自步驟紀錄中擦除時，會將擦除的部分回到標有步驟紀錄標示 ✍ 的步驟狀態。步驟紀錄標在步驟紀錄面板中可自行更換在任何被記錄的步驟前。

圖 4-4-1-11

圖 4-4-1-12

圖 4-4-1-13

■ 使用壓力

Photoshop 中的筆刷類工具也有提供壓力感應效果給電繪板使用。透過電繪板的感壓筆可讓使用者依照自己的力道大小來控制筆畫的透明與粗細。當不透明度與尺寸的壓力感應都關閉時，筆觸便無法呈現感壓效果；只開啟透明度壓力時（圖 4-4-1-14），下筆力道重時筆畫就較濃（不透明），下筆力道輕時筆畫就比較淡（較透明）；只開啟尺寸壓力時（圖 4-4-1-15），

圖 4-4-1-14

下筆力道重時筆畫就較粗，下筆力道輕時筆畫就比較細；當兩者都開啟時（圖 4-4-1-16），下筆力道重時筆畫就較粗也較濃，下筆力道輕時筆畫就比較細也較淡。

不透明度壓力關閉
尺寸壓力關閉

不透明度壓力關閉
尺寸壓力開啟
使用電繪板用力畫

不透明度壓力關閉
尺寸壓力開啟
使用電繪板輕柔畫

圖 4-4-1-15

不透明度壓力開啟
尺寸壓力開啟
使用電繪板用力畫

不透明度壓力開啟
尺寸壓力開啟
使用電繪板輕柔畫

不透明度壓力開啟
尺寸壓力開啟
使用電繪用板
用力/輕柔交錯畫

圖 4-4-1-16

 橡皮擦在背景圖層與一般圖層作用的差異

前面筆者示範的擦除對象都是以背景圖層為主。那麼作用在一般圖層時呢？

當圖層屬於背景圖層時，使用橡皮擦工具擦除影像後保留下來的色彩將會以當時的背景色為主，當圖層屬於一般圖層時，使用橡皮擦工具擦除影像後保留下來的色彩將會呈現透明像素。

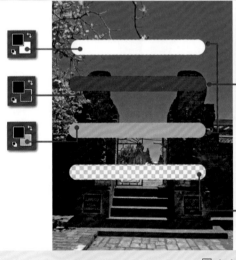

當圖層為背景圖層時，擦除影像後留下來的色彩以背景色為主

當圖層為一般圖層時，擦除影像後留下來的色彩以透明像素為主

圖 4-4-1-17

4-4-2　背景橡皮擦

　　背景橡皮擦通常拿來做為快速去背用。當影像背景色彩平均且乾淨時，就很適合使用背景橡皮擦來進行擦除，但背景橡皮擦屬於破壞性編輯，也就是確實將像素去除，不保留任何色彩資訊，在正式去背時風險較大，如果去背的狀況還需後續調整或是需要保留原始影像的話，建議還是使用先選取再使用遮色片隱藏的方式編輯較為保險。

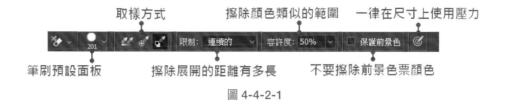

圖 4-4-2-1

❶ 筆刷預設面板

　　同前述橡皮擦工具一樣，預設筆刷是包含已定義特性（例如大小、形狀和硬度）的儲存筆尖。使用者可以將常使用的特性隨同預設筆刷儲存，也可以儲存「筆刷」工具的工具預設集，這可以從選項列的「工具預設」選單選取。使用筆刷類型工具（繪圖類如筆刷／鉛筆／顏色取代／混合器筆刷、橡皮擦／背景橡皮擦、仿製／圖樣印章，修圖類圖污點修復筆刷／修復筆刷、指尖／銳利化／模糊，選取類如快速選取工具）都可以透過筆刷預設面板來調整筆刷範圍、尺寸、羽化等參數。

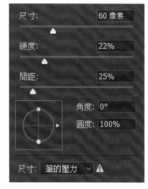

圖 4-4-2-2

❷ 取樣方式

　　連續：會隨著拖移連續取樣顏色，因此凡筆刷中心十字經過的地方都將擦除。與一般橡皮擦不同之處，在於無論是否為背景圖層，擦除影像後留下來的部分都呈現透明像素，不受背景色影響。

圖 4-4-2-3

數位影像基礎觀念　0

淺談選取與去背　1

選區編修與遮色片　2

基本選取　3

智慧選取　❹

路徑選取　5

色版選取　6

好用的輔助功能　7

一次：只會擦除筆刷中心十字為主，包含按下筆觸所在顏色的區域。提筆後再下筆時將重新取樣。

背景色票：只會擦除包含目前背景色的區域。

圖 4-4-2-4

圖 4-4-2-5

❸ 限制要求

■ 非連續的

可以擦除筆刷下的所有取樣顏色。

圖 4-4-2-6

■ 連續的

可以擦除包含取樣顏色且彼此相連的區域。須注意不管連續非連續，擦除區域是否被筆刷十字中心通過，結果將會不同。

此區與下筆處不連續，十字中心也未通過，因此未受影響

圖 4-4-2-7

雖限制在連續區域才會被擦除，但因十字中心通過，此區仍被擦除

圖 4-4-2-8

在連續 / 非連續選項的觀念類似魔術棒工具中的連續的選項概念一樣。

■ 尋找邊緣

可以擦除包含取樣顏色的連接區域，同時更能保留形狀邊緣的銳利度。以取樣一次為例，當容許度較高時，使用連續／非連續限制時非常容易將要保留的影像色彩一併擦除（圖4-4-2-9）（圖4-4-2-10），此時若使用尋找邊緣較能保留非取樣色彩範圍的細節。（圖4-4-2-11），由左至右為高容許度時，使用連續、非連續與尋找邊緣擦除效果的比較。

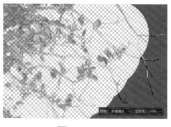
圖 4-4-2-9

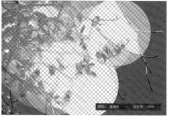
圖 4-4-2-10

圖 4-4-2-11

❹ 容許度

而所謂的容許度，就是以下筆處為取樣中心，對於周圍像素色彩可以容許的程度。

❺ 前景色保護

使用背景橡皮擦時，若是希望某個色彩不要被擦除，就可以勾選保護前景色，並將使用滴管工具擷取該色作為前景色，再進行擦除。當背景色與物體色彩比較接近時，可以考慮啟用此項目。

以下圖為例，當設定木盤色為背景色，並且進行擦除時，在尚未啟用保護前景色功能時（圖4-4-2-12），發現麵包也會受到局部擦除；啟用保護前景色狀態（圖4-4-2-13），進行擦除時，麵包就不受影響。

圖 4-4-2-12

圖 4-4-2-13

數位影像基礎觀念 0

淺談選取與去背 1

選區編修與遮色片 2

基本選取 3

智慧選取 ❹

路徑選取 5

色版選取 6

好用的輔助功能 7

4-4-3　魔術橡皮擦

　　魔術橡皮擦與魔術棒選取工具一樣，針對色彩進行偵測並擦除，主要在於透過辨識色彩的色相、對比間之差異，來建立選取範圍。

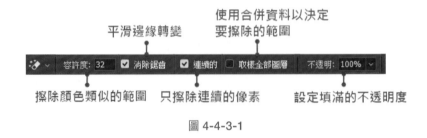

圖 4-4-3-1

❶ 容許度

　　而所謂的容許度，就是以下筆處為擦除中心，對於周圍像素色彩可以容許的程度。其原理與魔術棒選取工具相同。

圖 4-4-3-2　容許度 20、50、100 在相同地方點選擦除的結果

UP 技術　魔術棒工具適合的取樣點

　　要使用魔術棒工具快速清除背景，除了要使用適當的容許度之外，下筆的位置也是非常重要的。由下圖可知，天空雖然都屬藍色調，但層次非常豐富，有較深、較淺與中間色調（圖 4-4-3-3）。在固定的容許度中，點選較深色處時，容許度無法延伸到淺色處，就會導致淺色無法擦除（圖 4-4-3-4）；點選較淺色處時，容許度無法延伸到深色處，就會導致淺色無法擦除（圖 4-4-3-5）。最好的點選處就是介於深淺色之間的中間色調，如此便能完美去背（圖 4-4-3-6）。

圖 4-4-3-3　即使是同一色調的天空，也有深淺色的變化

圖 4-4-3-4　點選深色調的擦除結果　　圖 4-4-3-5　點選淺色調的擦除結果　　圖 4-4-3-6　點選中間色調的擦除結果

❷ 消除鋸齒

　　利用柔化邊緣像素和背景像素間的顏色轉變，讓選取範圍的鋸齒邊緣變得平滑些，主要是針對弧形、不規則邊緣進行處理。未開啟消除鋸齒的影像（圖 4-4-3-7），被擦除後像素比較清晰明確不帶透明度，啟用消除鋸齒的影像（圖 4-4-3-8），被擦除後像素比較模糊柔和帶透明度。

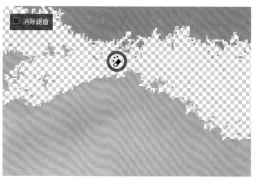

圖 4-4-3-7　未開啟消除鋸齒選項的差異　　　　圖 4-4-3-8　開啟消除鋸齒選項的差異

❸ 連續的

　　可以擦除包含取樣顏色且彼此相連的區域，其原理與魔術棒選取工具相同。在相同的下筆處，假如勾選連續的選項，則只有符合選色點處容許度的範圍會被選中，其他被容許度之外色彩範圍隔開的就不會被選取（圖 4-4-3-9）；假如取消勾選連續的選項，則整個畫面所有的符合選色點處容許度的範圍都會被選中，不論是否被容許度之外色彩隔開（圖 4-4-3-10）。

圖 4-4-3-9　勾選連續的擦除結果　　　　　圖 4-4-3-10　不勾選連續的擦除結果

❹ 取樣全部圖層

　　取樣全部圖層這個選項適用於當檔案有一個以上的圖層，是否要將取樣的對象設定在所有圖層。

　　其原理與魔術棒選取工具相同。請注意，取樣來源是參考所有圖層，但清除的對象仍維持在目前選取的圖層上。

數位影像基礎觀念 0

淺談選取與去背 1

選區編修與遮色片 2

基本選取 3

智慧選取 ❹

路徑選取 5

色版選取 6

好用的輔助功能 7

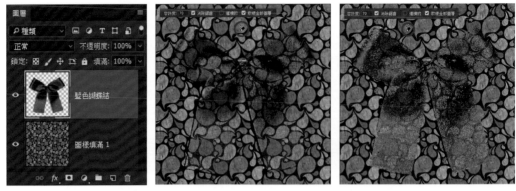

圖 4-4-3-11　啟用取樣全部圖層選項時，雖取樣自下面圖層，仍對目前選取圖層進行擦除

❺　不透明度

擦除的色彩可透過設定此選項來保留透明度。數值越高擦除背景越乾淨（圖 4-4-3-12），數值越低背景保留成分越多（圖 4-4-3-13）。

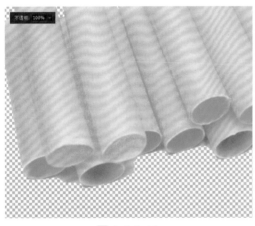

圖 4-4-3-12

圖 4-4-3-13

4-5 選取顏色範圍

執行功能表 / 選取可開啟顏色範圍指令。**顏色範圍**指令會在現有的選取範圍或整個影像中選取指定的顏色或顏色範圍。

開啟顏範圍面板時，面板中的黑色代表未選取範圍，白色代表已選取範圍（圖 4-5-2），朦朧則類似容許度，惟容許度不允許半透明或羽化選取（圖 4-5-4），但朦朧卻可以（圖 4-5-3）。使用者可自行在原圖中取樣色彩或使用預設色彩清單取樣，再對應到顏色範圍面板中調整朦朧值，同時檢視白色部分（已選取）是否滿意，再按下確定已完成選區建立。

選取(S)　濾鏡(T)　3D(D)　檢視(V)　視窗(W)	
全部(A)	Ctrl+A
取消選取(D)	Ctrl+D
重新選取(E)	Shift+Ctrl+D
反轉(I)	Shift+Ctrl+I
全部圖層(L)	Alt+Ctrl+A
取消選取圖層(S)	
尋找圖層	Alt+Shift+Ctrl+F
隔離圖層	
顏色範圍(C)...	
焦點區域(U)...	

圖 4-5-1

圖 4-5-2　使用顏色範圍面板建立選取範圍流程

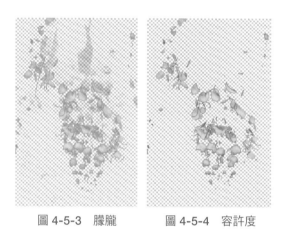

圖 4-5-3　朦朧　　　　圖 4-5-4　容許度

❶　手動指定取樣

　　使用手動方式取樣時，使用者可直接在影像畫面點選要取樣的色彩。每重新點選一次，黑白對應的範圍也會不同。例如第一次取樣自天空處（圖 4-5-5），黑白對應圖就會在天空部分顯示白色（已選取）；例如第二次取樣自黃花處（圖 4-5-6），黑白對應圖就會在黃花部分顯示白色（已選取）。使用手動方式取樣時，取樣不同色的結果如下。

圖 4-5-5

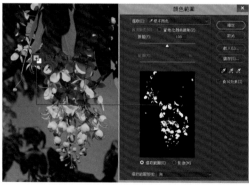

圖 4-5-6

數位影像基礎觀念　0

淺談選取與去背　1

選區編修與遮色片　2

基本選取　3

智慧選取　❹

路徑選取　5

色版選取　6

好用的輔助功能　7

❷ 使用預設顏色取樣

　　除了手動指定取樣色彩，也可以透過預設清單中的色彩列表來選取（圖 4-5-7）。清單中的色彩都是以原色為主（CMY 與 RGB），假如畫面中要選取的色彩不是正原色，使用者就必須自行判斷想要擷取的色彩含有那些原色成分。

圖 4-5-7　　　　　　　　　　　圖 4-5-8　　使用預設顏色中的不同色彩選取效果

　　預設清單中除了色彩，還提供了關於明暗的選取。選取亮部時，對應到的是黃花部分（圖 4-5-9）；選取中間色調時，對應到的是藍天與較亮的葉片部分（圖 4-5-10），而選取陰影時，對應到的是畫面中的花朵與葉片陰影部分（圖 4-5-11）。

圖 4-5-9　　　　　　　　　　　圖 4-5-10　　　　　　　　　　　圖 4-5-11

另外比較特別的是，在預設色彩清單中提供了一個皮膚色調項目，在處理人像時非常方便。人類皮膚的色調不屬原色任何一項，因此要選取人物膚色可能要透過多重手續，此可以考慮使用皮膚色調來進行選取。

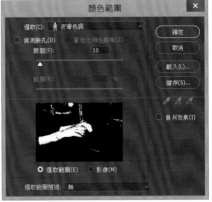

圖 4-5-12　選取皮膚色調選項，當畫面有膚色時便可自動偵測

自動偵測臉孔項目可以在選取皮膚色調時加以勾選（圖 4-5-15），將使臉部偵測更加精確。請注意此功能只限制在正常的人物膚色狀態，不適用彩繪過、黑白照片或動物的臉孔。

圖 4-5-13　　　　　圖 4-5-14　未勾選偵測臉　　圖 4-5-15　已勾選偵測臉
　　　　　　　　　　孔的比較　　　　　　　　孔的比較

❸　當地化顏色叢集

當影像中有多處不連續的相同色彩的區塊，但只想選取取樣點附近的區域時，就可以啟用當地化顏色叢集這個選項。以下圖為例，畫面中有兩朵荷花，當我取樣前面這朵時，因為遠方的荷花也屬相同色系，因此也一併選到，假如我只想選到前面這朵荷花，可藉由勾選當地化顏色叢集來限制取樣的中心點，範圍值越小時選取範圍越集中，範圍值越大選取範圍越廣。

圖 4-5-16

數位影像基礎觀念　0

淺談選取與去背　1

選區編修與遮色片　2

基本選取　3

智慧選取　❹

路徑選取　5

色版選取　6

好用的輔助功能　7

圖 4-5-17 未啟用當地化顏色叢集

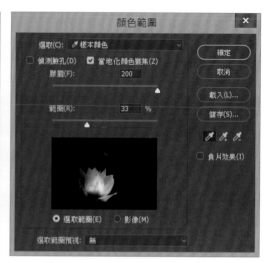

圖 4-5-18 已啟用當地化顏色叢集

❹ 增加至樣本 / 從樣本減去

　　當選取的樣本色彩不只一種時，可使用增加至樣本。以下圖為例，當我希望選到所有背景綠葉的區域，因此執行第一次取樣（圖4-5-20），發現取樣範圍不理想，但因為背景層次差異較大，只調大朦朧值又怕影響到荷花區域，此時可啟動增加至樣本按鈕來增加取樣色彩（圖4-5-21），並可多取樣幾次直到滿意為止。（圖4-5-22）

圖 4-5-19

圖 4-5-20

圖 4-5-21

圖 4-5-22

數位影像基礎觀念 0

淺談選取與去背 1

選區編修與遮色片 2

基本選取 3

智慧選取 ❹ 4

路徑選取 5

色版選取 6

好用的輔助功能 7

UP 技術 選取顏色範圍與取代顏色

如果選取顏色範圍的目的是調色或換色，可考慮使用另一項使用此原理應用的工具為影像 / 調整 / 取代顏色（圖 4-5-23）。以下圖為例，假設目的是把綠色的背景降低飽和度以達到凸顯荷花的效果（圖 4-5-24），可先在畫面中以取代顏色中的滴管擷取想替換的色彩區域，參考取代顏色面板中黑白圖確認選到的範圍，搭配朦朧與滴管加減選可調整選到的區域，白色代表即將作用的範圍，再到面板下方調整色彩或直接指定目標色彩（圖 4-5-25）。

圖 4-5-23　　　　　　　　圖 4-5-24　　　　　　　　圖 4-5-25

4-6 智慧選取綜合範例應用

E.g. 範例 用手機環遊世界

合成重點：使用快速選取、魔術棒等工具選取影像，搭配圖層遮色片與筆刷完成作品

圖 4-6-1　完成圖　　　　　　　　圖 4-6-2　使用素材

1. 點選快速選取工具 ，在房屋圖片中的天空範圍掠過（圖 4-6-3），並反轉選區（圖 4-6-4），使選區落在房屋身上（圖 4-6-5）。

圖 4-6-3　　　　圖 4-6-4　　　　　　圖 4-6-5

2. 點選選取並遮住按鍵 選取並遮住... ，開啟內容檢視面板，以黑底檢視畫面（圖 4-6-6）。

圖 4-6-6

3. 可使用左邊筆刷等工具來修飾邊界（圖 4-6-8），修飾房屋被隱藏的屋頂與樹叢（紅圈處）（圖 4-6-6）使之完整（圖 4-6-8）。

圖 4-6-7　　　　　　　　　圖 4-6-8

4. 或是到內容面板中調整相關數據（圖 4-6-9），並且一面觀察畫面變化（圖 4-6-10）。

圖 4-6-9

圖 4-6-10

5. 建議觀看模式可反覆切換黑底或白底來觀察並調整到最佳狀態。（圖 4-6-11）（圖 4-6-12）

圖 4-6-11

圖 4-6-12

6. 完成選取後（圖 4-6-13），將影像複製（或使用 拖曳複製）到手機圖檔中（圖 4-6-14），調整適當尺寸與位置，並將圖層命名為房屋，隨後顯隱藏圖層（圖 4-6-15）。

圖 4-6-13

數位影像基礎觀念 0

淺談選取與去背 1

選區編修與遮色片 2

基本選取 3

智慧選取 4

路徑選取 5

色版選取 6

好用的輔助功能 7

7. 切換到背景圖層，使用魔術棒選取工具（圖 4-6-16），取消連續的並調整適當容許度（各位讀者可自行測試），點選手機螢幕黑色處（圖 4-6-17），已選取所有螢幕範圍。

8. 再度顯示房屋圖層（圖 4-6-18），並加入圖層遮色片（圖 4-6-19）。

9. 選取黑色筆刷工具在房屋圖層的圖層遮色片中，避開底部螢幕邊緣，塗抹房屋範圍直到房屋全部顯示（圖 4-6-21）。

圖 4-6-14　　　　　　　　　　圖 4-6-15

圖 4-6-16

圖 4-6-17　　　　　圖 4-6-18　　　　　圖 4-6-19

圖 4-6-20　　　　　　圖 4-6-21

10. 點選影像／調整／符合顏色開啟面板（圖 4-6-22），設定來源與圖層到手機上（圖 4-6-23），將淡化與明度往右調（圖 4-6-23），使房屋色調能與手機背景調和又不至於不明顯（圖 4-6-24）。

圖 4-6-22

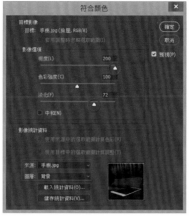

圖 4-6-23

圖 4-6-24

11. 也可以使用色階（圖 4-6-26）（圖 4-6-27）或其他明暗調整方式調整影像色彩至滿意為止（圖 4-6-28）。

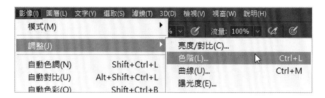

圖 4-6-26

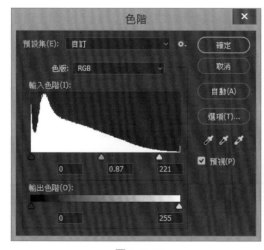

圖 4-6-27

圖 4-6-28

數位影像基礎觀念　0

淺談選取與去背　1

選區編修與遮色片　2

基本選取　3

智慧選取　4

路徑選取　5

色版選取　6

好用的輔助功能　7

12. 開啟熱氣球圖片,使用快速選取工具 ![] 掠過天空部分已選取天空範圍(圖4-6-29),搭配加減選區域將未選到的細節加以處理(圖4-6-30)(圖4-6-31)(圖4-6-32),並反轉選取範圍到熱氣球身上(圖4-6-33)。

圖 4-6-29

圖 4-6-30

圖 4-6-31

圖 4-6-32

13. 開啟選取並遮住按鈕 選取並遮住... ,進入細修階段(圖4-6-35)。建議細修時將影像拉近觀看(圖4-6-37),並使用各種筆刷(圖4-6-36)搭配調整數據使選取達到最精確狀態(圖4-6-38)。

圖 4-6-33

圖 4-6-34

圖 4-6-35

14. 可使用左邊各種筆刷來修飾邊緣細節,並放大觀察(圖4-6-37)(圖4-6-38)。建議觀看模式可反覆切換黑底(圖4-6-39)或白底(圖4-6-35)來觀察並調整到最佳選取狀態(圖4-6-42)。

圖 4-6-36

圖 4-6-37

圖 4-6-38

圖 4-6-39

圖 4-6-40

圖 4-6-41

圖 4-6-42

15. 將熱氣球影像複製到主檔案中（圖 4-6-43），並將熱氣球圖層按右鍵轉為智慧型物件（維持影像品質）（圖 4-6-44），再調整尺寸大小（盡量避免放大，以免影像模糊），放到畫面適合位置。

16. 以此類推處理其他熱氣球並選取。進入選取並調整面板中調整時，為了避免熱氣球邊緣毛躁，可以先拉高平滑數值（圖 4-6-45），再使用筆刷調整下面籃子與人物的部分（圖 4-6-46）（圖 4-6-47）。

圖 4-6-43　　　　　　圖 4-6-44

圖 4-6-45

圖 4-6-46

圖 4-6-47

17. 選取較遠方的熱氣球圖層，套用濾鏡／模糊／高斯模糊（圖 4-6-48）來創造出景深效果（圖 4-6-49）（圖 4-6-50）。

圖 4-6-48

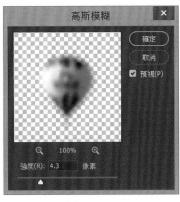
圖 4-6-49

圖 4-6-50

數位影像基礎觀念　0

淺談選取與去背　1

選區編修與遮色片　2

基本選取　3

智慧選取　4

路徑選取　5

色版選取　6

好用的輔助功能　7

18. 開啟筆刷面板（圖4-6-51），從外部載入雲狀筆刷（筆刷檔可自行製作產生或到網路上搜尋相關筆刷下載使用（圖4-6-52）（圖4-6-53）。

圖4-6-51　　　　　　　　　圖4-6-52　　　　　　圖4-6-53

19. 可多開幾個新的雲朵圖層，放置在不同上下圖層位置與熱氣球圖層穿插（圖4-6-54），並使用白色筆刷畫出雲朵，遠方的雲朵也可加上模糊濾鏡產生景深效果（圖4-6-55）。

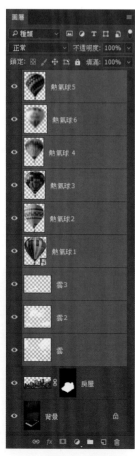

圖4-6-54　　　　　　　　　　　　圖4-6-55

20. 為了製造風景是由手機衝出來的視覺效果，可複 `Ctrl` +J 製房屋圖層到上層（圖 4-6-56），並在圖層遮色片按右鍵 / 套用圖層遮色片。

圖 4-6-56

21. 套用濾鏡 / 模糊 / 放射狀模糊（圖 4-6-57），將中心點擺放在適當相對位置（圖 4-6-58），再按下確定（圖 4-6-59）。

4-6-57

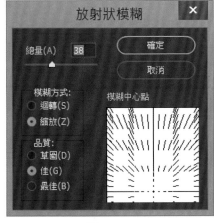

圖 4-6-58

圖 4-6-59

0 數位影像基礎觀念

1 淺談選取與去背

2 選區編修與遮色片

3 基本選取

4 智慧選取

5 路徑選取

6 色版選取

7 好用的輔助功能

22. 調整該圖層混合模式為線性加亮，並調整不透明度（圖4-6-60），依照個人喜好使用文字工具加上文字，完成（圖4-6-62）。

圖 4-6-60   圖 4-6-61   圖 4-6-62

4-2 智慧偵測色彩的魔術棒工具、4-3 智慧偵測色彩與邊緣的快速選取工具、2-7-1 圖層遮色片、6-2 混合模式、7-3-3 色彩調整、7-4 加入濾鏡玩影像 -- 選區與濾鏡搭配使用。

Travel in Book

Anywhere & anytime

CHAPTER 5

最自由的選取工具

路徑選取

5-1 了解向量圖

　　向量圖的構成主要以數學運算為基礎，每個物件都為單獨的個體，保有顏色、形狀、輪廓、大小和位置等屬性，放大或縮小後，點跟點的距離會以數學的方式重新計算，會保留原本的面貌和清晰度，並不會向點陣圖像素一樣產生鋸齒狀，產生的圖片檔案比較小；由於它的畫面色彩比較單調，因此無法製作高品質的影像作品。向量圖檔案大小的，通常是依據圖形的複雜程度來計算，越複雜的圖型，會使檔案變大。在工程繪圖上，或製作幾合圖型或較簡易圖型時，向量圖都是較好的選擇。常見的工具軟體是 CorelDraw、Illustrator、AutoCAD 等，即是以向量圖為主的製圖工具。向量通常依照圖像的幾何特性來描述圖形。例如，在一向量圖像中的人物眼睛，是由數學定義的一個圓組成，此圓使用指定的半徑，並位於特定的位置，且填滿指定的顏色，可自由地使用移動、旋轉或縮放來編輯，或更改其顏色，而不會對圖像品質有所影響。向量圖像與解析度無關，換句話說，它可縮放為任意大小，且用任意解析度列印至任何輸出裝置，而不會遺失其細節或清晰度。因此，對於文字，或不論縮放比例為何，都必須線條清晰之鮮明的圖像（如 LOGO），向量圖像是最佳的選擇。電腦繪圖中由於需要點陣化更精細的解析度時，重新插值（補點）的計算量較小，貝茲曲線（Bézier curve，又稱「貝賽爾」）被廣泛地在計算機圖形中用來為平滑曲線建立模型。向量圖除了一般的裝飾與美化，也多用於動畫製作，既能完美地呈現細膩的動畫效果，又同時兼顧畫質。此外，向量圖的另一個優點是檔案容量比較小，由於它的畫面色彩比較單調，因此無法製作多層次的影像作品。

圖 5-1-1

　　點陣圖與向量圖的比較：

	點 陣 圖	向 量 圖
影像記錄方式	像素	數學運算方程式，如錨點、路徑
影像特性	擅長表現顏色層次細緻的影像，適用於相片、細緻插畫等色彩複雜之圖形。	適用於輪廓清楚，要求精準構圖之圖形。
解析度	由一個一個的點（像素）所組成，將圖片放大或縮小會造成像素量重新計算，導致影像失真。	以數學方程式運算圖形，放大或縮小並不會失真。
主要優缺點	有較豐富的色彩	色彩表現較不豐富
	佔用較大的檔案容量與記憶體空間	佔用較小的檔案容量與記憶體空間
	縮放影像會有鋸齒狀失真	縮放圖形不會失真
	不適合用於精細的線條繪圖	適合用於精細的線條繪圖

　　Photoshop 雖是以處理點陣圖為主，但亦有局部向量式編輯工具，可供使用可進行向量圖編輯或是向量圖遮色片的處理，Photoshop 中的路徑編輯即是使用貝茲曲線來處理。

數位影像基礎觀念　0
淺談選取與去背　1
選區編修與遮色片　2
基本選取　3
智慧選取　4
路徑選取　5
色版選取　6
好用的輔助功能　7

　　請注意：Photoshop 只在輪廓路徑部分採用項量圖式的編輯，在影像部分仍是維持點陣圖結構，並不能取代向量圖編輯軟體，也無法存成向量圖格式檔案。各位讀者可以想像成好比用容器倒入物體：容器邊緣好比路徑，向量式繪圖軟體倒入的是顏料，所以不管容器多大，倒入的顏調都會順著邊界流動填滿沒有空隙；而 Photoshop 中向量式編輯工具則是倒入顆粒大小固定的豆子，就算容器放大縮小，仍然不會改變豆子的大小以及其與邊界之間無法密合的事實。

圖 5-1-2　Illustrator 向量圖的路徑與影像

圖 5-1-3　Photoshop 的路徑與影像

❶ 向量元素

　　編輯向量圖之前，筆者些帶個未來認識向量圖主要構成的元素與狀態。路徑、錨點與把手即是向量構圖主要的元素。路徑為型狀的輪廓線，錨點主要負責記錄路徑中重要的細節，把手則是當路徑為曲線時，錨點控制曲線彎曲方向與程度的控制桿。當路徑為直線、錨點為尖角點時，錨點不會有把手；路徑為曲線、錨點為圓角點時，在錨點兩端會有互相連成一直線的把手，拉動其中一端把手方向，另一端也會受到影響；當路徑為轉折曲線、錨點為轉折點時，在錨點兩端的把手將各自編輯、互不影響。

　　在 Photoshop 編輯一條路徑時（圖 5-1-5 灰色標示處），編輯 / 選取中的錨點會呈現實心狀，如果此錨點為圓角點，則編輯中的把手將會一併顯示（圖 5-1-53 紅色圈選處）；反之，當錨點處於非選取狀態，將以空心顯示，且不會顯示把手（圖 5-1-5 綠色圈選處）。當把手呈現一邊顯示一邊隱藏的狀態時，代表其鄰近的錨點處於正被選取的狀態（圖 5-1-5 藍色圈選處）。

尖角
無把手

圓角
兩端把手連成一線
互相影響

轉折角
兩端把手各自編輯
互不影響

圖 5-1-4

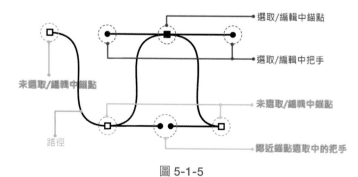

選取/編輯中錨點

選取/編輯中把手

未選取/編輯中錨點

未選取/編輯中錨點

鄰近錨點選取中的把手

路徑

圖 5-1-5

5-2 筆型工具與路徑面板

Photoshop 的工具中，有一部分專門提供向量編輯使用。如建立向量圖的筆型／創意筆工具、文字、與各種形狀工具，以及編輯向量圖的路徑／直接選取工具、增／減與轉換錨點工具等。（圖 5-2-1）

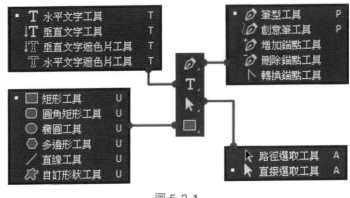

圖 5-2-1

5-2-1 形狀、路徑與像素

Photoshop 在向量圖中含有幾何形狀與自訂形狀預設集，可使用筆型工具自由描繪，或直接選取預設集形狀，在畫面中拖曳以繪製形狀、路徑或填滿像素。（圖 5-2-1-1）

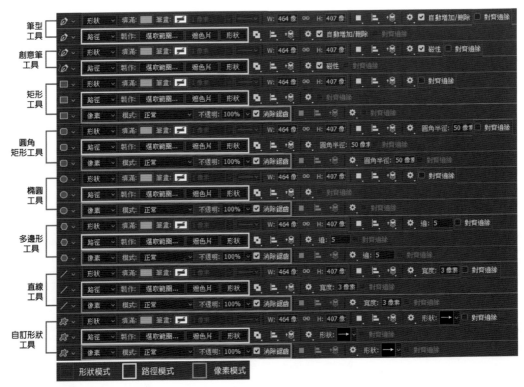

圖 5-2-1-1

由上圖可知，各種模式均有各自的選項列工具，其目的也不同。而除了一開始建立就封閉的工具（如矩形、橢圓、圓角矩形、多邊形、直線、自訂形狀）可使用像素模式之外，筆型與創意筆不提供像素模式使用。

圖 5-2-1-2

❶ 形狀

採用形狀模式建立形狀，將自動新增形狀圖層，形狀圖層為向量路徑搭配點陣像素填滿，縮放形狀不會有品質失真的情形。

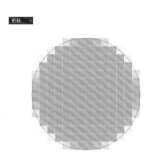

圖 5-2-1-3

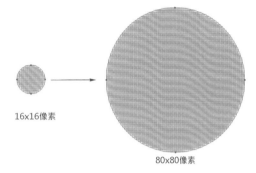

16x16像素

80x80像素

圖 5-2-1-4

❷ 路徑

採用路徑模式建立出的路徑可進一步作為填滿、筆刷、選取範圍或遮色片使用。

圖 5-2-1-5

❸ 像素

採用像素模式建立出的影像為點陣像素填滿，一旦建立完畢就無法使用向量圖方式編輯，縮放影像品質會有失真（模糊）情形。

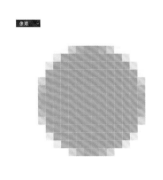

圖 5-2-1-6

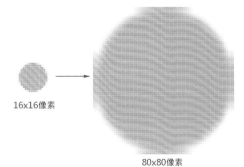

16x16像素

80x80像素

圖 5-2-1-7

0 數位影像基礎觀念

1 淺談選取與去背

2 選區編修與遮色片

3 基本選取

4 智慧選取

5 路徑選取

6 色版選取

7 好用的輔助功能

由於路徑選取將以路徑模式為主，本章節以下將以路徑的建立、編輯與應用為主要探討對象。

5-2-2 建立路徑

圖 5-2-2-1

❶ 使用筆型工具繪製直線區段

使用「筆型」工具所能繪製的最簡單路徑就是一條直線，只要按一下「筆型」工具，建立兩個錨點，兩個錨點將會構成一個區段，一條直線即可完成。若繼續按一下，可建立以轉角控制點連接數個直線區段所構成的一條封閉路徑。（圖 5-2-2-2）

1. 將「筆型」工具放置在要開始直線區段的位置上，然後按一下滑鼠左鍵以定義第一個錨點（請勿拖移）。

2. 再按一下滑鼠左鍵定義此區段結束的位置（按住 **Shift ⇧** 鍵並按一下滑鼠左鍵時，強制區段的角度為 45 度的倍數，即垂直、水平與 45 度傾斜方向）。

3. 若要連續建立圖型，可繼續按滑鼠即可設定其他直線區段的錨點。

4. 若要封閉此路徑，請將「筆型」工具放置在第一個（空心）錨點上。若位置正確，則一個小圓圈會出現在「筆型」工具指標🖋旁。請按一下或拖移，以封閉該路徑。

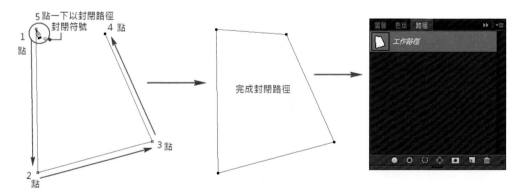

圖 5-2-2-2　筆型工具建立連續直線封閉圖形

數位影像基礎觀念 0

淺談選取與去背 1

選區編修與遮色片 2

基本選取 3

智慧選取 4

⑤ 路徑選取 5

色版選取 6

好用的輔助功能 7

Ps 錨點觀察

每建立一個新的錨點，都會在該點上顯示成一個實心正方形狀態，代表其為選取狀態。而之前所定義的錨點，則會隨著增加其他錨點而變成空心，也就是遭到取消選取。

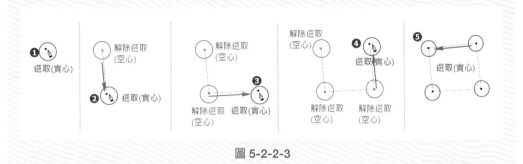

圖 5-2-2-3

❷ 🖋 使用筆型繪製曲線線段

可依據曲線變更方向的地方加入錨點，並拖移形成曲線的方向控制把手。方向控制把手的長度和斜度會決定曲線的形狀。

1. 請將「筆型」工具放在曲線的開始位置，然後按住滑鼠按鍵。

2. 第一個錨點出現後，筆型工具指標會變成箭頭。

3. 拖曳以設定目前正在建立之曲線區段的斜率，然後放掉滑鼠按鈕。

   一般來說，往即將繪製下個錨點的位置上，拉長方向控制把手至大約三分之一的距離（可以稍後再調整方向控制把手的一邊或兩邊）。

   （按住 **Shift ⬆** 鍵，強制工具以 45 度的倍數增加）

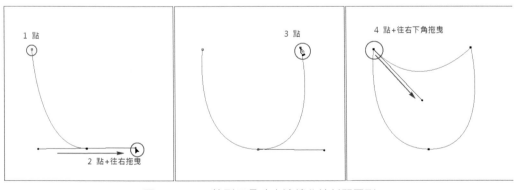

圖 5-2-2-4　筆型工具建立連續曲線封閉圖形

❸ ✏️ 使用創意筆工具繪圖

使用「創意筆」工具，就好像是在紙張上隨意使用鉛筆繪圖一般。繪圖時，軟體會自動增加錨點。繪製時不必決定放置錨點的位置，錨點會依照繪製的路徑自動產生，但是可以在路徑完成時再調整錨點。若要更加精確地手動繪製，請使用筆型工具。

1. 在影像中拖移指標。在拖移時，指標後面會留下路徑紀錄點以記錄軌跡細節，放開滑鼠按鍵時，就會建立工作路徑。

2. 若要繼續現有的手繪路徑，可將筆型指標放在路徑的終點上並拖移。

3. 若要完成路徑，請放開滑鼠按鍵。若要建立封閉路徑，請將曲線拖移到路徑的起始點（對齊時指標旁會出現圓圈，此時可封閉路徑）。

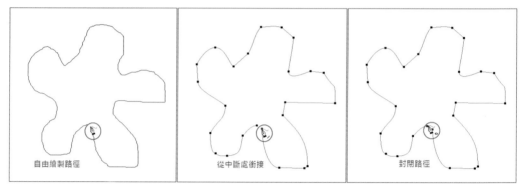

自由繪製路徑　　　　從中斷處銜接　　　　封閉路徑

圖 5-2-2-5　創意筆工具建立連續直線封閉圖形

❹　使用幾何形狀 / 自訂形狀建立圖型

Photoshop 在向量圖中含有幾何形狀與自訂形狀預設集，可讓使用者直接以拖曳的方式建立路徑或形狀物件。

圖 5-2-2-6

■　矩形工具 / 圓角矩形工具 / 橢圓工具

圖 5-2-2-7

圖 5-2-2-8

圖 5-2-2-9

以上工具都可由按住左鍵往斜對角方向拖曳來建立選取範圍，例如左上角拉到右下角（也可右上往左下、左下往右上、右下往左上），放開左鍵後即完成路徑建立。在矩形 / 圓角矩形工具的選項列中的圖型設定鈕，可以設定以未強制、正方形、固定尺寸、固定比例與從中央的方式來建立矩形。矩形與圓角矩形的選項與建立方式同小異，惟差別在於圓角矩形多了圓角半徑選項。

■ 矩形

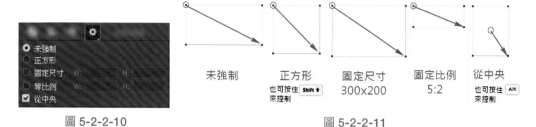

圖 5-2-2-10

| 未強制 | 正方形
也可按住 Shift↑
來控制 | 固定尺寸
300x200 | 固定比例
5:2 | 從中央
也可按住 Alt
來控制 |

圖 5-2-2-11

■ 圓角矩形

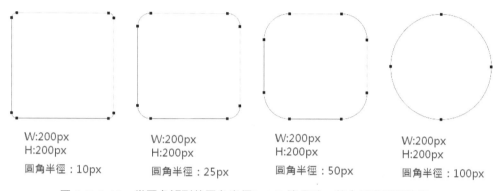

W:200px
H:200px
圓角半徑：10px

W:200px
H:200px
圓角半徑：25px

W:200px
H:200px
圓角半徑：50px

W:200px
H:200px
圓角半徑：100px

圖 5-2-2-12　當圓角矩形的圓角半徑 ≧ 1/2 邊長時，將會呈現圓形狀態。

■ 橢圓

圖 5-2-2-13

| 未強制 | 圓形
也可按住 Shift↑
來控制 | 固定尺寸
300x200 | 固定比例
5:2 | 從中央
也可按住 Alt
來控制 |

圖 5-2-2-14

以上此三種類型都屬於即時型狀系統，也就是參數式物件，關於各自特有的屬性可隨時透過內容面板進行調整。左圖為矩形 / 圓角矩形內容面板，右圖則為橢圓形內容面板。

圖 5-2-2-15　　　　　　　　　圖 5-2-2-16

數位影像基礎觀念 0

淺談選取與去背 1

選區編修與遮色片 2

基本選取 3

智慧選取 4

路徑選取 5

色版選取 6

好用的輔助功能 7

■ 多邊形工具

多邊形工具與矩形 / 圓角矩形 / 橢圓最大的不同，是圖形建立的起始點原先就已經固定在中心，因此建立時並非往斜對角拖曳建立，而是由中心向外建立，且預設狀態均為 " 正 " 的圖形，不須勾選等比例。一般向量圖型工具多會提供星型選項，此處星形並非獨立選項，而是附屬在多邊型中。在多邊形設定面板中的強度代表尺寸，當手動拖曳自由建立時，不需要特別輸入數值。另外還提供平滑轉折角、平滑內縮等數值，各位讀者可多嘗試各種組合與數值，可以創建出個種不同造型的路徑。

圖 5-2-2-17

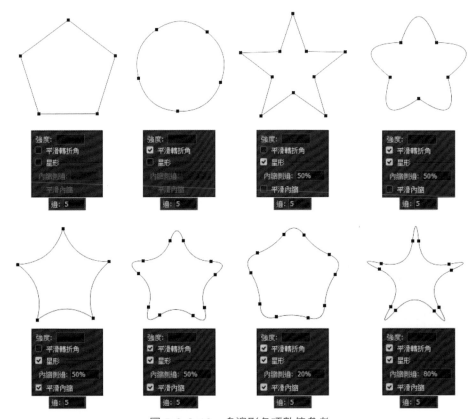

圖 5-2-2-18　多邊形各項數值參考

■ 直線工具

直線工具其實就像是可調整粗細、方向的矩形，但不同的是它並不屬即時型狀系統。除了直線之外。直線工具也提供箭頭選項，可以搭配參數創造出各種高矮胖瘦不同的箭頭。

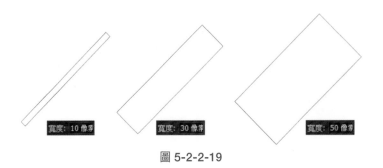

圖 5-2-2-19

圖 5-2-2-20

- 自訂形狀工具

  自訂形狀工具中提供了許多不同圖式預設集可使用,選擇更加多元。除了預設清單的圖案,也可加入其他內建型狀。

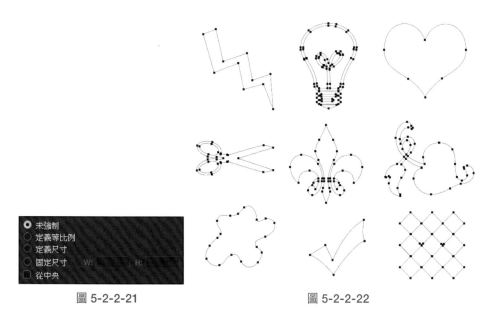

圖 5-2-2-21

圖 5-2-2-22

數位影像基礎觀念　0

淺談選取與去背　1

選區編修與遮色片　2

基本選取　3

智慧選取　4

❺ 路徑選取

色版選取　6

好用的輔助功能　7

Ps 即時型狀系統

即時型狀系統可保留各自特有的屬性，在型狀建立後仍可依照這些特性調整，使圖形維持原有的面貌，錨點一經個別修改即會解除即時型狀狀態。例如矩形／圓角矩形都有 " 圓角值 " 可供事後調整（圖 5-2-2-23），只要使用直接選取工具編輯過，就會跳出警告視窗以確認是否解除即時型狀狀態換成一般路徑（圖 5-2-2-24）。請注意，即時型狀狀態一經解除成為一般路徑後，就再也無法回復。

圖 5-2-2-23　　　　　　　　　　　　　　　圖 5-2-2-24

5-2-3　編輯與調整路徑

❶ 路徑選取工具

點的類型大致共分成三大類：尖角、平滑角與轉折角

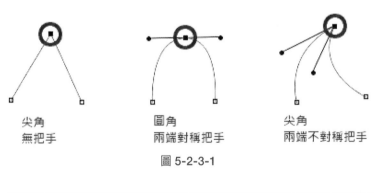

尖角
無把手

圓角
兩端對稱把手

尖角
兩端不對稱把手

圖 5-2-3-1

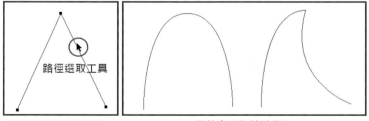

目前選取中的路徑　　　　　　　　　目前未選取的路徑

圖 5-2-3-2　使用路徑選取工具可選取整段路徑

❷ ⬛ 直接選取工具

選取個別錨點（可點選或框選）時，可使用直接選取工具。

圖 5-2-3-3

❸ ⬛ 新增 / ⬛ 刪除錨點工具

使用增加錨點工具可在路徑上增加錨點（圖 5-2-3-4），使用刪除錨點工具可在錨點上刪除該錨點（圖 5-2-3-5）。

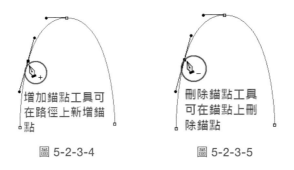

圖 5-2-3-4　　　　　　　圖 5-2-3-5

❹ ⬛ 轉換錨點工具

使用轉換錨點工具可轉換尖角、平滑角與轉折角三種狀態：

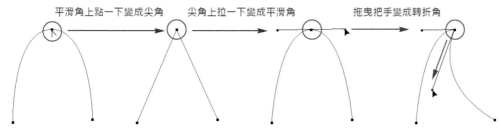

圖 5-2-3-6　轉換錨點時的各項操作

0　數位影像基礎觀念

1　淺談選取與去背

2　選區編修與遮色片

3　基本選取

4　智慧選取

5　路徑選取

6　色版選取

7　好用的輔助功能

筆型工具也能取代增加 / 刪除錨點工具

以上介紹可知，筆型工具可以建立圖形，增加 / 刪除錨點工具可以編輯圖形，但是工具必須時常切換來換去實屬麻煩，因此在筆型工具中有一個 自動增加/刪除 選項，使用者透過勾選此選項，即可在筆型工具選取狀態就能增減錨點。請注意，在執行此功能時必須先使用 路徑選取工具選取要編輯的路徑，方能啟用此功能。

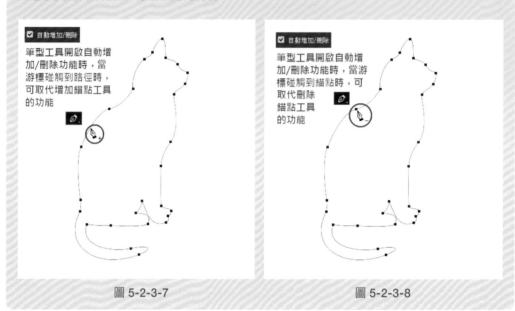

圖 5-2-3-7　　　　　　　　　　　　　　　圖 5-2-3-8

5-2-4　路徑的布林運算

如同其他選取工具一樣，路徑也有關於布林運算的功能與設定項目。

　　　　新增圖層
　　　　組合形狀
　　　　去除前面形狀
　　　　形狀區域相交
　　　　排除重疊形狀

圖 5-2-4-1　路徑在布林運算的項目

❶ 單一路徑物件的使用

假設將來要應用在選區的製作，則當畫面只有一個路徑物件時，只有兩種狀態可使用：

1. 路徑內部為選區，外部為非選區（圖 5-2-4-2）

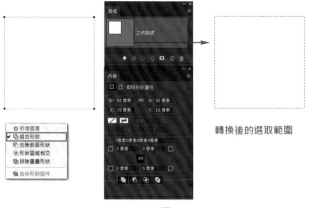

轉換後的選取範圍

圖 5-2-4-2

2. 路徑外部為選區，內部為非選區（圖 5-2-4-3）

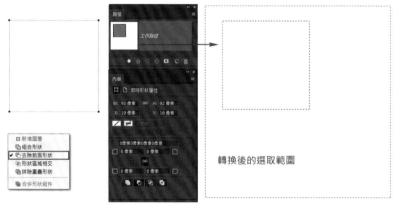

轉換後的選取範圍

圖 5-2-4-3

❷ 兩個路徑物件的使用

將布林運算使用在在第二個路徑物件上時的狀況，變化就會比較多：

■ 組合形狀

也就是聯集。將新舊路徑物件的範圍合併。（圖 5-2-4-4）

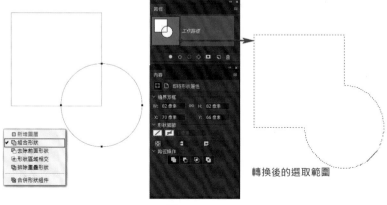

轉換後的選取範圍

圖 5-2-4-4

0 數位影像基礎觀念

1 淺談選取與去背

2 選區編修與遮色片

3 基本選取

4 智慧選取

5 路徑選取

6 色版選取

7 好用的輔助功能

■ 除前面形狀

也就是以新路徑物件作為剪刀，減去舊路徑物件。（圖 5-2-4-5）

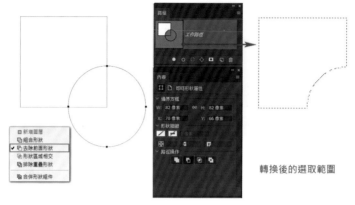

轉換後的選取範圍

圖 5-2-4-5

■ 形狀區域相交

也就是交集。作用後將只保留新舊路徑物件重疊的區域。（圖 5-2-4-6）

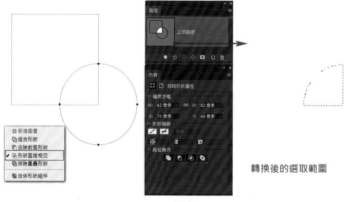

轉換後的選取範圍

圖 5-2-4-6

■ 排除重疊形狀

剛好與上者相反，只保留沒有重疊的範圍。（圖 5-2-4-7）

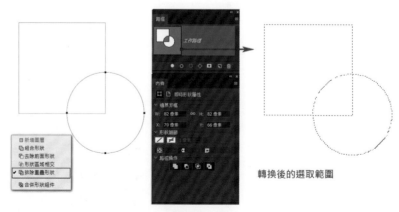

轉換後的選取範圍

圖 5-2-4-7

經過合併形狀組件，能將本來的即時形狀類型的路徑物件轉換為一般路徑，而失去即時形狀特性。

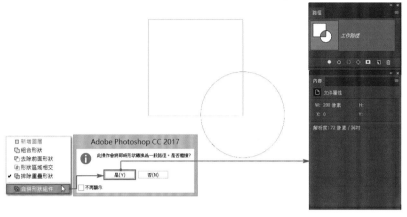

圖 5-2-4-8

數位影像基礎觀念

0

淺談選取與去背

1

選區編修與遮色片

2

基本選取

3

智慧選取

4

路徑選取

5

色版選取

6

好用的輔助功能

7

5-3 路徑與選取範圍

透過建立路徑物件可達到去背目的。一般來說，使用路徑去背大致分成兩種方式：

【方法一】直接選取建立好的路徑，在圖上為影像加上向量圖遮色片。

【方法二】將路徑轉為選區，並在加上圖層遮色片，或刪除背景像素。

本節將探討路徑與選取範圍（蟻型線）之間的關係與轉換概念。在這之前，請各位先釐清選區、路徑兩者與圖層的關係。

5-3-1　選區與圖層的關係

既然選區可作用在圖層上，為圖層上的影像增加遮色片、在選區範圍內編輯 / 修改像素、或刪除像素，那們不免讓人疑惑以下兩個問題：

1. 當我們定義好一的選區時，此選區是否單獨屬於某個圖層？

2. 由 A 圖層定義出的選取範圍，是否只能作用在 A 圖層？

筆者在此進一步以圖解說明：

假設目前檔案有三個圖層，先由其中一個圖層建立選取範圍。

由此圖層建立選取範圍

圖 5-3-1-1

當選區建立完成時，保持選區選取狀態並切換到不同圖層分別加上遮色片的效果如下：

圖 5-3-1-2

圖 5-3-1-3

圖 5-3-1-4

綜合以上圖解，可歸納出一個結論：

無論透過何種方式定義出的選區，都不單獨屬於任何圖層，也能作用在任何圖層上。

5-3-2　路徑與圖層的關係

路徑與選取範圍一樣，可能是依據某個圖層的影像製作，但並不代表只有此圖層能使用，建立完成的路徑可用來繼續作用於任何圖層。以下圖為例：檔案中有三個圖層，先依據一個圖層的影像製作封閉路徑。

圖 5-3-2-1

當路徑建立完成時，分別單獨在三個圖層加上向量圖遮色片的效果如下：

圖 5-3-2-2

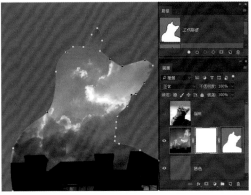

圖 5-3-2-3

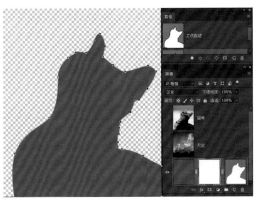

圖 5-3-2-4

綜合以上圖解，也可歸納出一個結論：

無論透過何種方式建立出的路徑，都不單獨屬於任何圖層，也能作用在任何圖層上。

因此選區與路徑同樣擁有可作用在任何圖層的特性，彼此互相轉換時，也一樣保有這樣的特性。

5-3-2 路徑與選區轉換

路徑與選取範圍可以彼此轉換，因此路徑常被用來作為去背的工具。

❶ 使用筆型工具建立的選區

先使用筆型工具描繪影像外圍成一個封閉路徑，並開啟路徑面板，點選載入路徑作為選取範圍，再加上圖層遮色片，或反轉選區將背景刪除，即完成去背。

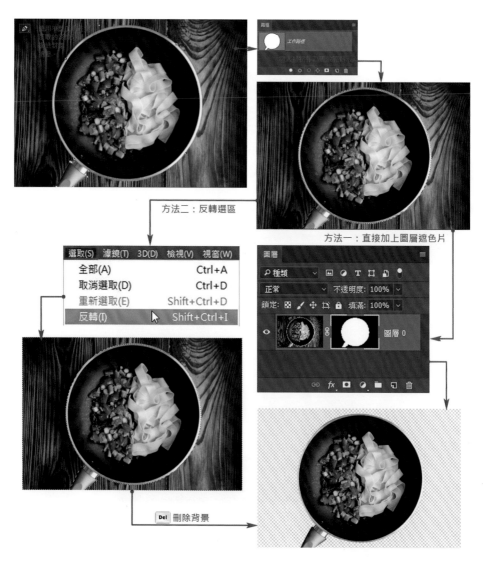

圖 5-3-2-1

❷ 使用創意筆工具建立選取範圍

　　創意筆是一個很自由的路徑建立工具，可以像畫畫一般自由移動游標，即隨著游標經過之處建立路徑紀錄點，直到封閉為止。當影像邊界清楚時，勾選上方磁性選項，可以方便快速建立符合邊界的路徑（類似磁性套索，但磁性套索是建立選區，創意創意筆是建立路徑，目的不同）。

圖 5-3-2-2

　　也可參考用筆型工具建立選區範例的方法二完成。

0　數位影像基礎觀念

1　淺談選取與去背

2　選區編修與遮色片

3　基本選取

4　智慧選取

❺　路徑選取

6　色版選取

7　好用的輔助功能

技術UP 路徑去背小技巧

路徑去背時，為了避免邊緣去除不乾淨，建議描繪路徑時除了放大檢視之外，描繪的範圍最好比影像邊緣稍稍往內側收一點，切掉半個到一個像素左右，比較不容易在完成去背後看到殘餘的背景邊界。

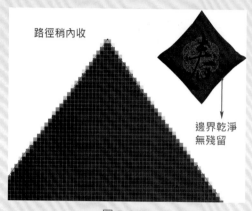
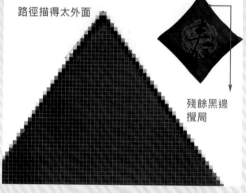

路徑稍內收　邊界乾淨無殘留

路徑描得太外面　殘餘黑邊攪局

圖 5-3-2-3　　　　　　圖 5-3-2-4

5-4 路徑選取綜合範例應用

E.g.範例 書中旅行

合成重點：使用路徑去背，搭配向量圖遮色片與筆刷完成作品

圖 5-4-1　完成圖

圖 5-4-2　使用素材

1. 使用 筆型工具依書面邊緣描繪路徑（圖 5-4-3）。

2. 將草地圖片複製到書本檔案中，並調整適當大小（圖 5-4-4）。

圖 5-4-3

圖 5-4-4

3. 選取工作路徑（圖5-4-5），並且點選圖層／向量圖遮色片／目前路徑（圖5-4-6）。

圖 5-4-5

圖 5-4-6

圖 5-4-7

4. 切換到圖層面板，點選向量圖遮色片，並開啟內容面板，調整羽化（圖5-4-8），並這定混合模式為色彩增值（圖5-4-10），讓草地與書本內頁更融合（圖5-4-11）。

數位影像基礎觀念 0

淺談選取與去背 1

選區編修與遮色片 2

基本選取 3

智慧選取 4

5 路徑選取

色版選取 6

好用的輔助功能 7

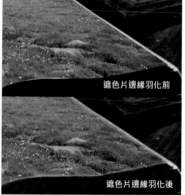

圖 5-4-8

圖 5-4-9

圖 5-4-10

圖 5-4-11

5. 使用筆型工具 依汽車邊緣描繪路徑，並且使用排除重疊區域狀態，繼續描繪內部需要透空部分。（圖 5-4-12）

6. 觀察路徑面板，確刃透空處是否為灰色狀態（圖 5-4-13）。

7. 在路徑選取的狀態下，點選圖層／向量圖遮色片／目前路徑（圖 5-4-14），完成路徑去背（圖 5-4-15）。

圖 5-4-12

圖 5-4-13　　　　　　　　　　　　　　圖 5-4-14

8. 複製影像到草地圖層上，並且調整適當尺寸大小（圖 5-4-16）。

圖 5-4-15

圖 5-4-16

9. 為了使汽車色調符合背景，可點選影像 / 調整 / 符合顏色（圖 5-4-17），並將來源與圖層設定為目前檔案的背景圖層上，同時觀察並調整明度與淡化到適當數值（圖 5-4-18）（圖 5-4-19）。

圖 5-4-17　　　　　　　　　　　　　　圖 5-4-18

數位影像基礎觀念 0

淺談選取與去背 1

選區編修與遮色片 2

基本選取 3

智慧選取 4

路徑選取 5

色版選取 6

好用的輔助功能 7

圖 5-4-19

9. 為草地與汽車圖層重新命名,並建立新圖層於汽車與其草地圖層之間(圖 5-4-20),使用黑色筆刷在汽車底下區域化上陰影。為了使陰影繪製更加自然,建議硬度調至 50% 左右(圖 5-4-21),不透明度也調到約 50% 上下(圖 5-4-24),並且開啟筆刷面板 / 轉換,在不透明度項目設定控制為淡化(圖 5-4-23),可使筆觸慢慢淡去,並反覆塗抹堆疊在需要較深陰影處。

圖 5-4-20

圖 5-4-21

圖 5-4-22

圖 5-4-23

圖 5-4-24

圖 5-4-25

圖 5-4-26

10. 使用文字工具加入文字,完成。

圖 5-4-27

 5-2 筆型工具與路徑面板、2-7-2 向量圖遮色片、6-2 混合模式、7-3-3 色彩調整。

數位影像基礎觀念 0

淺談選取與去背 1

選區編修與遮色片 2

基本選取 3

智慧選取 4

路徑選取 5

色版選取 6

好用的輔助功能 7

Note

CHAPTER 6

最精準的選取工具
色版選取

6-1 色版概論

6-1-1 何謂色版

色版分為顏色色版、Alpha 色版與特別色色版。每個色版各有不同的功能與使用時機。影像最多可以有 56 個色版。所有新的色版都具有和原始影像相同的像素尺寸和像素數。色版需要的檔案大小，則是由色版中的像素資訊所決定。包括 TIFF 和 Photoshop 格式在內的某些檔案格式，會壓縮色版資訊以節省空間。

❶ 顏色色版

色版可儲存不同類型資訊的灰階影像，當開啟新的影像時，會自動建立色彩資訊色版，稱為**顏色色版**。影像的色彩模式會決定所建立的色版數目。例如，RGB 影像有每一種色彩的色版（紅色、綠色和藍色），再加上用來編輯影像的複合色版；CMYK 影像有每一種色彩的色版（青色、洋紅、黃色色和黑色），再加上用來編輯影像的複合色版。

色版面版開啟時，可看到彩色 RGB 和三個（分別從 R、G、B 拆解的）灰階層，因為每個色彩都是由 R（紅）、G（綠）、B（藍）三色依照不同比例構成的，在 Photoshop 中便分別以三個灰階影像表示，其各有 256 種不同的灰階層次，即可以演示總共 256X256X256 種色彩

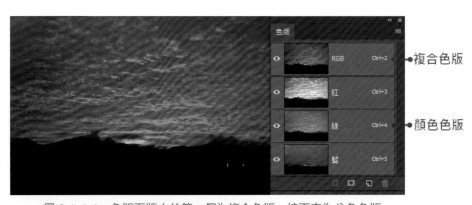

圖 6-1-1-1　色版面版中的第一個為複合色版，接下來為分色色版

可以把它想像成當光線穿過三個色版時，黑色區域表示完全檔住、白色表示完全通過，而灰階的濃度則代表允許通過的程度（如中間灰 = 允許 50% 通過）。因此在色版中，該色成分多，在該色色版中越接近白色；該色成分越低，則越接近黑色。

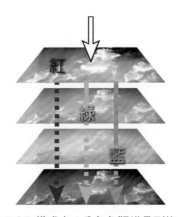

圖 6-1-1-2　在 **RGB** 模式中，分色色版堆疊到複合色版的是意圖

■ 色版對影像的影響

分色色版只要經過調整，就會影響到複合色版最後的成色。雖然在使用色版去背時必須先借用單色色版來建立選區，但為了避免影像最後成色，必須先將顏色色版複製出來作為 alpha 色版，才能繼續編輯使用。

原始影像（圖 6-1-1-3）一經分色色版修改，最後成色就會隨之改變。例如分色顏色色版分別經過調亮之後，複合色版與最後成像的色彩也隨之被更改（圖 6-1-1-4）（圖 6-1-1-5）（圖 6-1-1-6）

圖 6-1-1-3

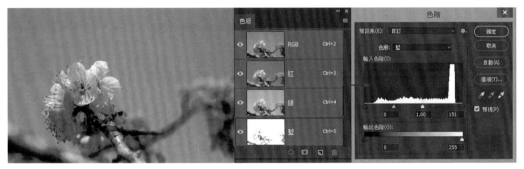

圖 6-1-1-4

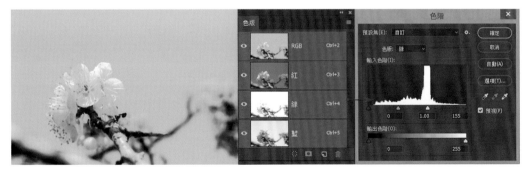

圖 6-1-1-5

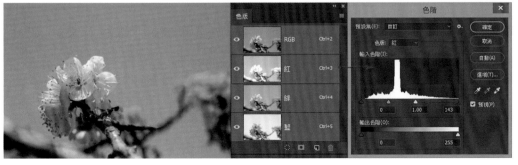

圖 6-1-1-6

0 數位影像基礎觀念

1 淺談選取與去背

選區編修與遮色片

2

3 基本選取

4 智慧選取

5 路徑選取

6 色版選取

7 好用的輔助功能

常用的色彩 / 明暗調整方式，將在章節 8-2 介紹。

- **圖層對色版的影響**

  色版是綜合全部圖層顯示的結果，圖層的顯示 / 隱藏也會影響色版呈現的結果。

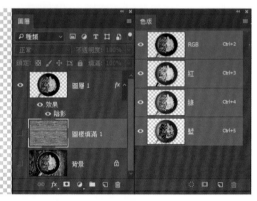

圖 6-1-1-7　影像像呈現透明背景時，色版也會呈現透明背景

圖 6-1-1-8　搭配不同背景，色板顯示結果也會不同

❷ Alpha 色版

Alpha 色版會將選取範圍儲存為灰階影像。透過 Alpha 色版可以建立、儲存遮色片和選取範圍，而色版去背主要就是透過 Alpha 色版製作並調整選區。

圖 6-1-1-9

 關於 Alpha 色版所儲存的選區儲存、載入與應用，在 2-2、2-3-3、2-3-4 分別有詳細介紹

❸ 特別色色版

特別色色版指定使用特別色油墨印刷的額外印版，通常用來作為印刷用的標記（給輸出單位，如印刷廠看）。如希望印刷的顏色為特定 Pantone 色票、或使用如螢光色、金屬色等特殊色時，會以獨立特別色色版加以記錄。

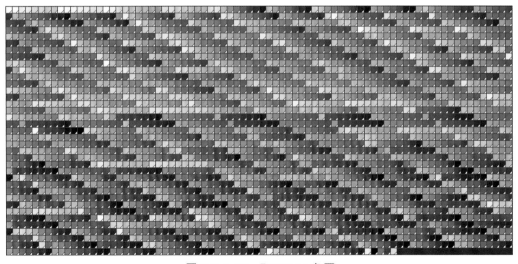

圖 6-1-1-10　Pantone 色票

數位影像基礎觀念 0

淺談選取與去背 1

選區編修與遮色片 2

基本選取 3

智慧選取 4

路徑選取 5

色版選取 6

好用的輔助功能 7

UP 技術 Pantone 小常識

「彩通配色系統®」（PANTONE MATCHING SYSTEM®，簡稱 PMS）是選擇、確定、配對和控制油墨色彩方面的權威性國際參照標準。其中的「彩通配方指南」由大量每頁約 6×2 吋或 15×5 公分的薄卡紙，單面印有一系列相關的顏色、彩通顏色編號及其混色配方，裝訂成一本長條形可翻開成扇形的小冊子，因油墨會隨時間或經常翻閱而退色，所以彩通每年更新配色系統的版本。當平面設計師從「彩通配色系統」中挑選了一個指定顏色交印刷廠付印，印刷廠需按本身裝置及油墨調製出產品與指定顏色一致的顏色，當然設計師與印刷廠需採用相同年份版本的「彩通配色系統」，因不同版本相同編號的顏色會有輕微的差別。

大部分家用或辦公室的彩色印表機是採用 CMYK 系統，而「彩通」則為油墨混色配方，在印刷行業通稱為特別色，所以「彩通」不屬於 RGB（螢幕顏色）或 CMYK（四色印刷）的色域，而是用於延伸更多可供印刷的顏色（包括金屬色及夜光色）。

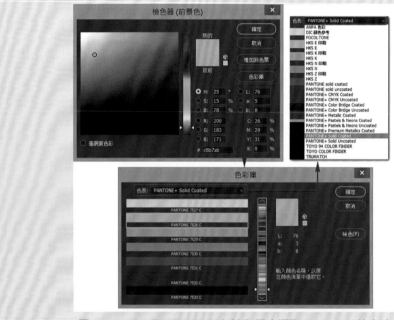

圖 6-1-1-11　Photoshop 在檢色器中選取 Pantone 的方法

6-1-2　色版基本操作

❶　建立新色版

　　按下 🔲 即可新增色版。新增的色版為全黑 Alpha 色版，並且預設命名為 Alpha1。（圖 6-1-2-1）

❷　複製色版

　　點選要複製的色版，往下拖曳到 🔲 按鈕上，就可以複製該拷貝色版。（圖 6-1-2-2）預設名稱為該色版色彩 +" 拷貝 "。

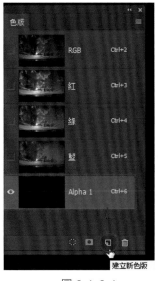

圖 6-1-2-1　　　　　　圖 6-1-2-2

❸　刪除色版

　　點選要刪除的色版，再點選或拖曳到 🗑 即可刪除。（圖 6-1-2-3）若刪除的色版為分色色版，則複合色版也會移並被刪除。（圖 6-1-2-6）

❹　載入色版作為選取範圍

　　點選色版後，再點選 ⬚ 可載入該色版作為選取範圍。（圖 6-1-2-4）選取的程度依灰階而定，越白處選取越多（不透明），越黑處選取越少（透明）。

❺　重新命名色版

　　在圖層名稱上點兩下反白即可重新輸入以更名（圖 6-1-2-5），複合色版與分色顏色色版無法更名。

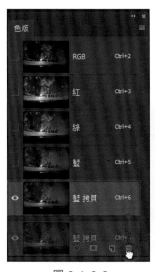

圖 6-1-2-3

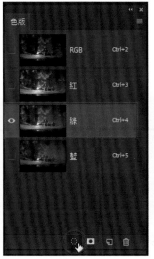

圖 6-1-2-4

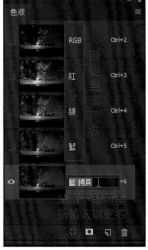

圖 6-1-2-5

0 數位影像基礎觀念

1 淺談選取與去背

2 選區編修與遮色片

3 基本選取

4 智慧選取

5 路徑選取

❻ 色版選取

7 好用的輔助功能

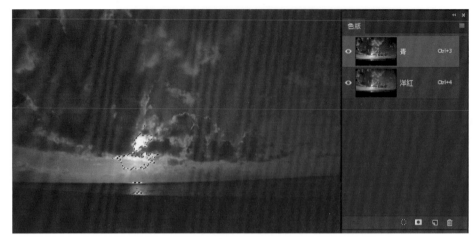

圖 6-1-2-6

❻ 由選區建立色版

在畫面建立一個選區，再點選 即可從選區建立色版。建立的色版將受快速遮設片的顏色指示對象而影響。當快速遮色片中顏色指示對象為遮色片區域時（圖 6-1-2-7），建立出的色版為外黑內白，也就是被選取的範圍在色版中呈現白色狀態，未選取範圍色版中呈現黑色範圍。

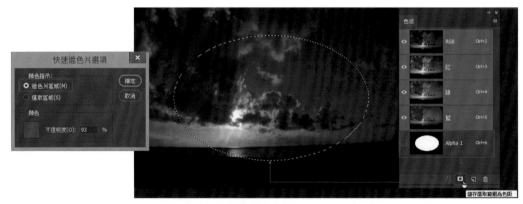

圖 6-1-2-7

當快速遮色片中顏色指示對象為選取區域時（圖 6-1-2-8），建立出的色版為外白內黑，也就是被選取的範圍在色版中呈現黑色狀態，未選取範圍色版中呈現白色範圍。

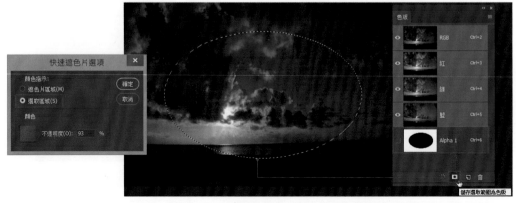

圖 6-1-2-7

6-1-3 色版製作選區

色版除了以灰階來儲存色彩資訊之外,也可以透過灰階這個特性來載入選取範圍。在色版中顯示的影像越接近白色、越亮,在轉換成選區時代表越不透明;色版中顯示的影像色彩越接近黑、越暗,代表轉壞成選區時選取得越淺、越透明。載入的方法有以下幾種:(圖6-1-3-1)

1. 快捷鍵載入

2. 面板上操作

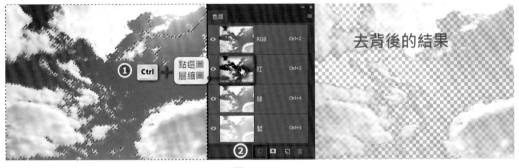

圖 6-1-3-1

3. 由選取範圍選項載入(此方法必須在有 Alpha 色版之下才能操作)

圖 6-1-3-2

0 數位影像基礎觀念

1 淺談選取與去背

2 選區編修與遮色片

3 基本選取

4 智慧選取

5 路徑選取

6 色版選取

7 好用的輔助功能

6-2 混合模式

❶ 何謂混合模式

　　混合模式是一種在影像疊加時，明暗／色彩互相混合運算的方法。在 Photoshop 中的應用非常廣泛，無論是圖層、圖層樣式、筆刷、油漆桶／漸層、仿製印章等等，只要會用到兩個以上影像疊加時，都會看到他的身影。

　　Photoshop 的 27 種混合模式，每一個混合模式，都有它的計算方式與運作原理。大致上分為正常、變暗、變亮、對比、反向運算與飽和度六大類。圖層混合模式主要用於當兩個圖層影像重疊時，若希望上下兩層都能顯示影像，則需在上層圖層調整時透明度搭配混合模式來編輯影像。

　　正常群組：包含正常、溶解兩項，此種類別對影像明暗沒有任何保留或捨棄，主要搭配不透明度數值控制整個圖層效果。

　　變暗群組：此類大致呈現在上下圖層彼此相比時，整體顯示出較暗的顏色，過濾掉較亮的色彩。

　　變亮群組：剛好與變暗相反。此類大致呈現在上下圖層彼此相比時，整體顯示出較亮的顏色，過濾掉較暗的色彩。

　　對比群組：如同上述變暗與變亮兩大類，對比大致呈現在上下圖層彼此相比時，整體顯示出較亮與較暗的顏色，過濾掉中間的色彩。

　　反向運算群組：採減法運算，畫面大會呈現類似負片色彩結果。

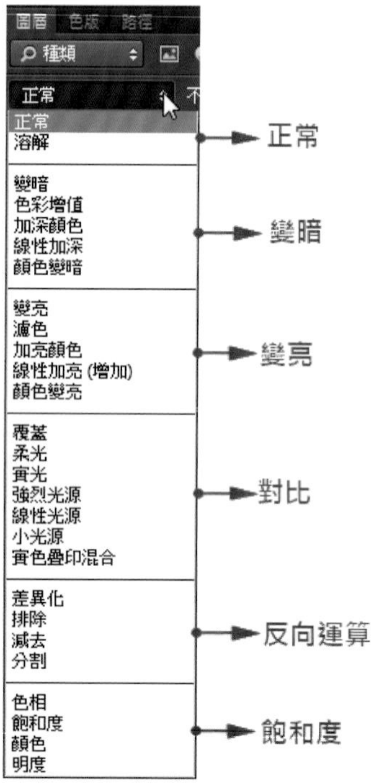

圖 6-2-1

　　飽和度群組：以色彩的飽和度作為與下層混合的依據。

　　由下圖中可看到檔案中包含三個圖層，由下到上分別為花朵圖片、黑白漸層（明度低到高）與藍白漸層（彩度高到低）。

　　以下圖例中（圖 6-1-4-1），當套用正常、變暗、變亮、對比與反向運算群組時，隱藏藍白漸層圖層，由黑白圖層操作混合模式；套用飽和度時，隱藏黑白漸層圖層，顯示藍白圖層，由藍白圖層操作混合模式。

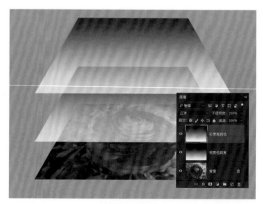

圖 6-2-2

❷ 混合模式的六大群組

■ 正常群組

包含正常（圖6-2-3）、溶解（圖6-2-4）兩項，此種類別對影像明暗沒有任何保留或捨棄，主要搭配不透明度數值控制整個圖層效果。不透明度為100%時，其結果是一樣的，只有當溶解模式其不透明度小於100%才有差異。正常模式，基本上就是預設值；至於「溶解（Dissolve）」模式則是以類似隨機的方式取代下方圖層的像素，取代的像素的多寡則是以其透明度而定。

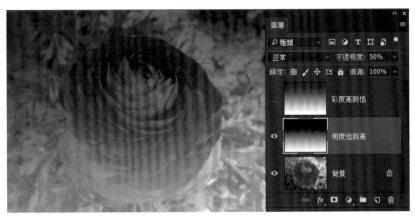

圖6-2-3

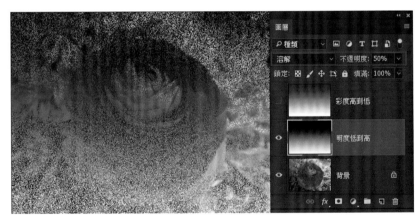

圖6-2-4

■ 變暗群組

（圖6-2-5）此類大致呈現在上下圖層彼此相比時，整體顯示出較暗的顏色，過濾掉較亮的色彩。依照曲線運算方式而有明暗與色彩上的差異，包含變暗、色彩增值、加深顏色、線性加深及顏色變暗。

變暗屬比較有覆蓋感的加深；色彩增值會在圖層影像重疊處呈現較自然的加深（稍後介紹的圖層樣式中的陰影，基本上會採用色彩增值的方式處理）；加深顏色除了色彩加暗之外，色彩濃度也跟著暗度增加；線性加深則取色彩增值與加深顏色的中間值；顏色變暗則是在影像去留處留下比較明顯的界線。

■ 變亮群組

（圖6-2-5）剛好與變暗相反。

此類大致呈現在上下圖層彼此相比時，整體顯示出較亮的顏色，過濾掉較暗的色彩。包含變亮、濾色、加亮顏色、線性加亮（增加）及顏色變亮。

變亮屬比較有覆蓋感的加亮；濾色會在圖層影像重疊處呈現較自然的加亮（稍後介紹的圖層樣式中的光暈，基本上會採用濾色的方式處理）；加亮色彩除了色彩加亮之外，色彩濃度也跟著明度增加；線性加亮（增加）則取濾色與加亮色彩的中間值；顏色變亮則是在影像去留處留下比較明顯的界線。

■ 對比群組

（圖6-2-5）如同上述變暗與變亮兩大類，對比大致呈現在上下圖層彼此相比時，整體顯示出較亮與較暗的顏色，過濾掉中間的色彩。對比顧名思義就是該群組裡的混合模式，其功能均是用來提高下方圖層的對比，換句話來說就是會讓原本有點暗的像素變得更暗，而較亮的像素則會變得更加明亮。包含覆蓋、柔光、實光、強烈光源、線性光源、小光源與實色疊印混合。

覆蓋、柔光、實光為前述色彩增值與濾色中和的結果，只是柔光強度較弱；強烈光源為加深顏色與加亮顏色中和的結果；線性光源為線性加深與線性加亮中和的結果；小光源類似變暗與變亮中和的結果；實色疊混合以純色運算。

變暗／變亮／對比的比較

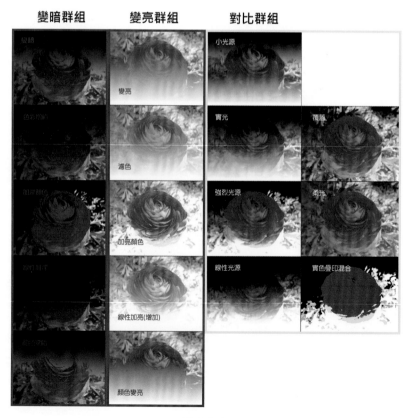

圖 6-2-5

數位影像基礎觀念 0

淺談選取與去背 1

選區編修與遮色片 2

基本選取 3

智慧選取 4

路徑選取 5

色版選取 6

好用的輔助功能 7

■ 反向運算群組

（圖6-2-6）採減法運算，畫面大會呈現類似負片色彩結果。

包含差異化、排除、減去與分割。差異化這個模式最主要是用來比較上下圖層的差異，與亮色疊加處負片效果（互補色）越強，但整體保持色彩濃度；排除與差異化類似，但色彩濃度較弱；減去為加深顏色的反像運算；分割則是加亮顏色的反像運算。

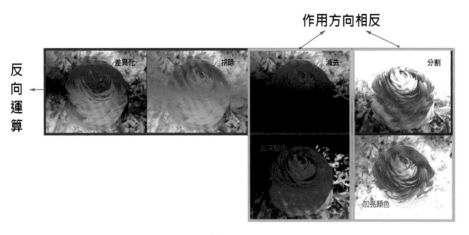

圖 6-2-6

■ 飽和度群組

（圖6-2-7）以色彩的飽和度作為與下層混合的依據。

包含色相、飽和度、顏色與明度。色相以明確的界線與下層圖層混合，下層影像飽和度與色彩依據上層決定；飽和度依據上層以漸進式方式呈現下層影像原有色彩的飽和度；顏色以漸進式與下層圖層混合，下層影像飽和度與色彩依據上層決定；明度則是捨棄下層的灰階，只保留飽和度。

圖 6-2-7

6-3 混合色帶

圖層樣式一般作為為添加影像的設計感與效果用，包含斜角和浮雕、緞面、陰影、內陰影、外光暈、內光暈、筆畫、顏色覆蓋、漸層覆蓋與圖樣覆蓋等。值得注意的是，在圖層樣式面版中的混合選項裡，除了可為圖層另外勾選上述的效果選項之外，也有關於圖層與圖層混合的設定項目，其中就包含了上述的混合模式。在混合選項底部有一個混合顏色

帶項目，裡面包含了灰階色帶，分別代表目前編輯的圖層以及下面的圖層。灰階色帶中代表影像中的色調範圍，最左邊是黑（0），最右邊是白（255）。以下圖為例，此圖層（目前編輯的圖層）是黑白錐形漸層，下面圖層則為紫橙色線性漸層。

6-3-1　此圖層中

影像中由白到黑剛好對完整對應到灰階色帶中的全部範圍（0-255）。

當往右滑動黑色控制點時，對應在此灰階色帶中的色彩就會由深到淺慢慢消失，直到黑色控制點拉到最右方。

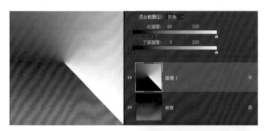 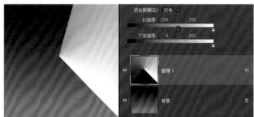

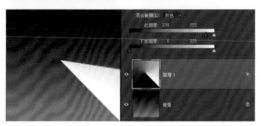

圖 6-3-1　黑色控制點由左往右拉的依序變化

當往左滑動白色控制點時，對應在此灰階色帶中的色彩就會由淺到深慢慢消失，直到白色控制點拉到最右方。

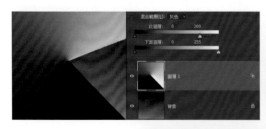 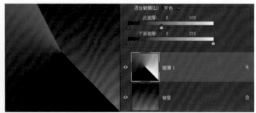

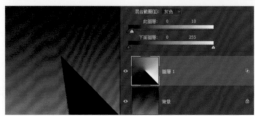

圖 6-3-2　白色控制點由右往左拉的依序變化

6-3-2 下面圖層

影像中由紫到橙只有局部對應到灰階色帶中的較深範圍（0-140）。

當往右滑動黑色控制點時，對應在此灰階色帶中的色彩會由深到淺慢慢顯示，但是拉到接近中央就全部顯示。

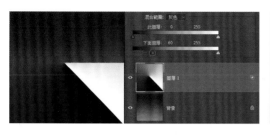 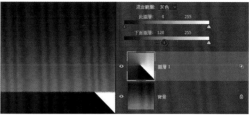

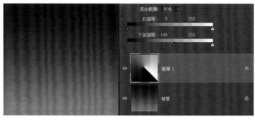

圖 6-3-3　黑色控制點由左往右拉的依序變化

當往左滑動白色控制點時，對應在此灰階色帶中的色彩也會由淺到深慢慢顯示，直到拉到最左方。

 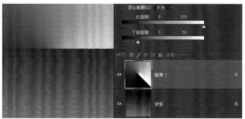

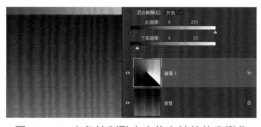

圖 6-3-4　白色控制點由右往左拉的依序變化

若要生成半透明區域，可按住 Alt 將黑／白控制點往右／左拉，可以拉開深／淺色區間，使之柔和過度。

0 數位影像基礎觀念

1 淺談選取與去背

2 選區編修與遮色片

3 基本選取

4 智慧選取

5 路徑選取

6 色版選取

7 好用的輔助功能

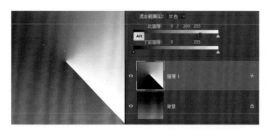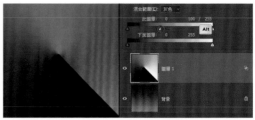

圖 6-3-5　此圖層黑／白控制點拉開區間的變化

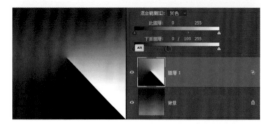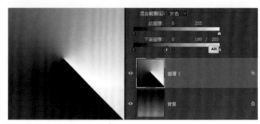

圖 6-3-6　下面圖層黑／白控制點拉開區間的變化

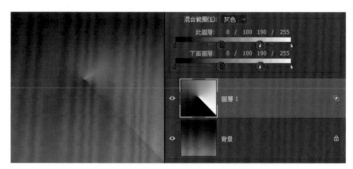

圖 6-3-7　上下圖層黑／白控制點拉開區間的變化

混合色帶主要用在色調單純、明／暗主題明顯時，例如整個圖層想保留的影像剛好都是同色階時。以下範例就很適合使用此混色處理：

E.g. 範例　為林中霧氣添加迷幻色彩

圖層：上漸層、下樹林

重點：在於不影響樹與天空原來的明度，指將介於最深（近處樹影）與最亮（天空）間霧氣瀰漫處加上漸層圖層的色彩。（圖 6-3-18）

圖 6-3-18

只將白色控制點往左調時，就
只在樹影上著色。邊界若顯得生硬
（圖6-3-19），可將白色控制點左
右兩端拉開，使之柔和過度。（圖
6-3-20）

圖 6-3-19　　　　　圖 6-3-20

只將黑色控制點往右調時，就
只在天空上著色。邊界若顯得生硬
（圖6-3-21），可將黑色控制點左
右兩端拉開，使之柔和過度。（圖
6-3-22）

圖 6-3-21　　　　　圖 6-3-22

黑白控制點在兩端間的過度區
域重疊的範圍即是著色範圍，即霧
氣瀰漫之處。

重疊區間

圖 6-3-23

混合色帶也很適合拿來作為進
行火、光、煙、雲的去背，主要是
因為這些主體明顯明暗區段統一。
層次色彩較複雜的情況就建議使用
色版來進行去背。

圖 6-3-24

0　數位影像基礎觀念

1　淺談選取與去背

2　選區編修與遮色片

3　基本選取

4　智慧選取

5　路徑選取

6　色版選取

7　好用的輔助功能

6-4 色版混合器、套用影像與運算

6-4-1 色版混合器

色版混合器即是使用各分色加減數值，作用在指定的輸出色版上，以達到調整色彩的方法。

以 RGB 模式來說，除了複合色版之外，分為 R、G、B 三個分色色版，而在色版混合器中，先指定要調整／輸出的色版，再到來源色版挑選想增減的顏色，透過移動控制點來調整色彩。

從影像／調整／色版混合器（圖 6-4-1-1），即可開啟面板（圖 6-4-1-2），在預設情況下，來源色版除了輸出色版自己本身所屬色彩之外，其餘兩色均維持在 0% 的狀態（圖 6-4-1-3）。往右拉動控制點就是增加該色成分，往左拉動就是減少該色成分。

圖 6-4-1-1　　　　　　　　　　　　　圖 6-4-1-2

圖 6-4-1-3　原始影像與其色版原來的狀態

圖 6-1-4-4　輸出色版為藍色時，將紅色往右調，使藍色色版變亮，影像中的藍色增加

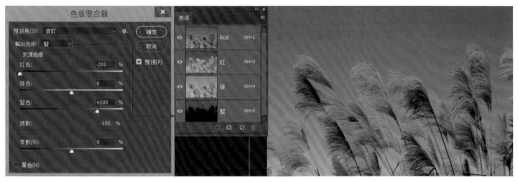

圖 6-4-1-5　輸出色版為藍色時，將紅色往左調，使藍色色版變暗，影像中的藍色減少，黃色增加

圖 6-4-1-6　輸出色版為藍色時，將常數往右調到藍色色版呈現白色，影像中的藍色最強，黃色完全消失

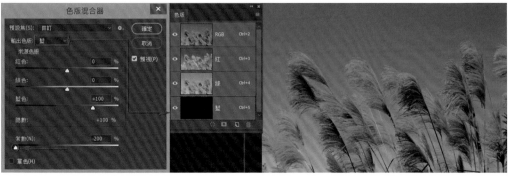

圖 6-4-1-7　輸出色版為藍色時，將常數往左調到藍色色版呈現黑色，影像中的黃色最強，藍色完全消失

數位影像基礎觀念　0

淺談選取與去背　1

選區編修與遮色片　2

基本選取　3

智慧選取　4

路徑選取　5

6　色版選取

好用的輔助功能　7

6-4-2　套用影像

　　套用影像指令，是比色版混合器更進階的色彩調整方式，跟色版混合器不同的是，套用影像指令可挑選來源色版，但主要套用對象是 RGB 複合色版，且可以使用各種混合模式，並使用不透明度來調整程度。點選影像 / 套用影像可開啟面板。（圖 6-4-2-1）（圖 6-4-2-2）

圖 6-4-2-1　　　　　　　　　　　　　　圖 6-4-2-2

　　直接使用在影像上：將目標設為 RGB 複合色版，挑選一個分色色版來疊合。

圖 6-4-2-3　原始影像與其色版

圖 6-4-2-5　當來源與目標都是 RGB 色版時，就如同兩個一樣的圖層使用混合模式疊在一起

圖 6-4-2-6 　將綠色色版，以變亮（排除暗色）的方式疊在 RGB 上的結果

圖 6-4-2-7 　將綠色色版，以變亮（排除暗色）、不透明度只有 50% 的方式疊在 RGB 上的結果

自製混合色版：將目標設定在一個 Alpha 色版，使用另一個分色色版來疊合

以 Alpha1 色版為目標色版，以 Alpha2 色版為來源色版

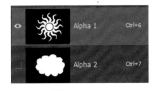

圖 6-4-2-8

圖 6-4-2-9 　當 Alpha2 色版加到 Alpha1 色版時

（縮放值介於 1.000-2.000 之間）

圖 6-4-2-10 　當 Alpha2 色版加到 Alpha1 色版，且使用縮放值為 2 時

0 數位影像基礎觀念

1 淺談選取與去背

2 選區編修與遮色片

3 基本選取

4 智慧選取

5 路徑選取

6 色版選取

7 好用的輔助功能

（畫面錯位值介於 -255~225 之間）

圖 6-4-2-11　當 Alpha2 色版加到 Alpha1 色版，且畫面錯位值為 100 時

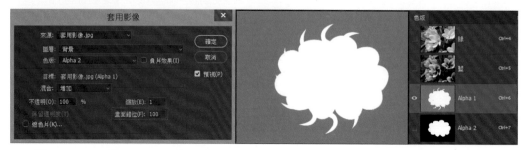

圖 6-4-2-12　當 Alpha2 色版加到 Alpha1 色版，用縮放值為 2，且畫面錯位值為 100 時

控制混合範圍

　　套用影像提供了兩種控制混合範圍的選項。一是透過透明度，二是透過遮色片。當影像圖層沒有透明像素時，只能使用遮色片的方式控制。

圖 6-4-2-13　未使用遮色片時，來源色版將會在所有範圍以柔光模式疊加在目標影像上

圖 6-4-2-14　勾選遮色片時，來源色版只會在遮色片範圍（白色部分）以柔光模式疊加在目標影像上，對應在黑色部分則不套用

圖 6-4-2-15　當影像圖層有透明像素，勾選保留透明度時，來源色版將會在不透明像素以柔光模式疊加在目標影像上

圖 6-4-2-16　當影像圖層有透明像素，只勾選遮色片時，來源色版將會在所有範圍以柔光模式疊加在目標影像上

圖 6-4-2-17　當影像圖層有透明像素，兩這都勾選時，來源色版將會在不透明像素以柔光模式疊加在目標影像上

6-4-3　運算指令

　　剛剛介紹的套用影像指令中，目標色版必須是為目前選取中狀態，當已經開啟套用影像指令面板時就不能任意更改，若要更換時必須先關閉面板，重新選取再次開啟。在運算指令中就沒有這個限制，他可以非常靈活地在面版中任意指定兩個要混合的色版，也沒有限制何者為來源、何者為目標，並可以將混合的結果指定成新的結果項目，包含遮色片、選取範圍與新增文件。點選影像 / 套用影像可開啟面板。

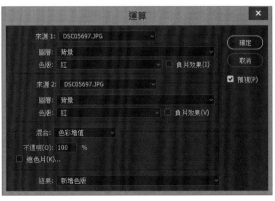

圖 6-4-3-1　　　　　　　　　　　　圖 6-4-3-2

0　數位影像基礎觀念

1　淺談選取與去背

2　選區編修與遮色片

3　基本選取

4　智慧選取

5　路徑選取

6　色版選取

7　好用的輔助功能

圖 6-4-3-3　運算完的兩個來源，套用到新增色版上

圖 6-4-3-4　運算完的兩個來源，套用到選取範圍上

圖 6-4-3-5　運算完的兩個來源，套用到新增文件上

　　色版混合器、套用影像與運算主要的目的都是在色版上進行調整，目的在於改變色版狀態，而改變色版除了是為了替影像調色，色版更能作為選取的依據。下一節我們就要來探討色版與去背的關係與處理方法。

數位影像基礎觀念 0

淺談選取與去背 1

選區編修與遮色片 2

基本選取 3

智慧選取 4

路徑選取 5

色版選取 6

好用的輔助功能 7

色彩互補與色彩平衡概念

使用色彩作為影像處理的工具前，必須先有色彩互補與平衡的觀念，才能事半功倍。色彩的調整分為加法與減法，加法是往某色多偏一點，減法則是某色遠離一點。在色彩中，CMY與RGB剛好兩兩互補。例如：當我們處理影像時，以加法來說，若是希望偏藍，就多加一點藍；以減法來說，想偏黃，就多減一點藍，減法通常拿來去除色偏用。因此在Photoshop中的影像/調整中的色彩平衡（圖6-1-6-32），就是使用這個原理來進行操作。

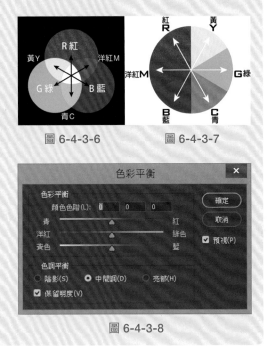

圖 6-4-3-6　　　　　圖 6-4-3-7

圖 6-4-3-8

6-5 色版去背與遮色片應用

接著我們來以實例示範以上關於色版的各種技術套用到影像去背上的方法。

6-5-1 混合模式與去背

當合成的素材主體單純、背景乾淨時，直接使用混合模式就可以直接達到去背效果。

合成重點：將光芒與光點去背並合成在鑽戒上

圖 6-5-1-1　製作前　　　圖 6-5-1-2　製作後　　　圖 6-5-1-3　使用素材

1. 將光斑素材複製到鑽戒圖檔中。（圖 6-5-1-4）

2. 點選編輯／任意變形（圖 6-5-1-5），並拖曳圖片的四個形狀控制點縮小圖片到適中大小，擺放在畫面適當的位置（圖 6-5-1-6）。

3. 混合模式改為濾色（圖 6-5-1-7），即可把黑色背景過濾掉（圖 6-5-1-8）。

4. 在將光芒素材複製到鑽戒圖檔中。（圖 6-5-1-9）

5. 同上，調整大小並移動至適當位置。（圖 6-5-1-10）

圖 6-5-1-4

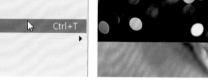

圖 6-5-1-5　　　　　　圖 6-5-1-6　　　　　　圖 6-5-1-7

圖 6-5-1-8　　　　　　圖 6-5-1-9　　　　　　圖 6-5-1-10

6. 調整混合模式為線性加亮（圖 6-5-1-11），完成（圖 6-5-1-12）。

圖 6-5-1-11　　　　　　　　　　　　圖 6-5-1-12

E.g. 範例 日出光輝

合成重點：利用影像自身運算產生新的黑白影像，特套用放射濾鏡後再疊回原始影像使之產生光芒光束效果。

圖 6-5-1-13　製作前

圖 6-5-1-14　製作後

圖 6-5-1-15　素材原圖

1. 開啟素材影像檔，點選編輯影像／運算。

2. 來源 1、2 都設定為紅色色版，使用色彩增值模式，結果設為新增文件。

圖 6-5-1-16

圖 6-5-1-17

數位影像基礎觀念　0

淺談選取與去背　1

選區編修與遮色片　2

基本選取　3

智慧選取　4

路徑選取　5

色版選取　6

好用的輔助功能　7

3. 在新的文件影像中點選濾鏡 / 模糊 / 放射模糊，挑選縮放作為模糊方式，並把總量調至最高。重複套用數次。

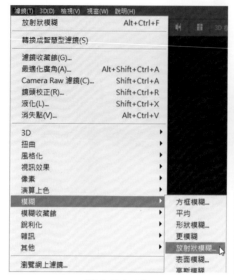

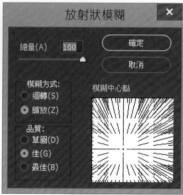

圖 6-5-1-18　　　　　　　　　　　　圖 6-5-1-19

4. 將新的影像複製到原始影像中，將混合模式設定為濾色，完成。

圖 6-5-1-20　　　　　　　圖 6-5-1-21　　　　　　　圖 6-5-1-22

6-5-2　混合色帶與去背

E.g **璀璨耶誕**

合成重點：利用混合色帶去除深色部分背景，搭配透明度製作多層次合成

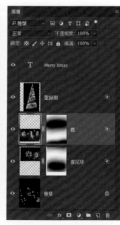

圖 6-5-2-1　完成效果　　圖 6-5-2-2　圖層結構

圖 6-5-2-3　使用素材

1. 開啟聖誕樹 - 背景。（圖 6-5-2-4）

2. 將聖誕樹 - 雪花球複製到背景中，並調整適當大小與位置。（圖 6-2-2-5）

3. 選取雪花球圖層，開啟混合選項（圖 6-2-2-6），將此圖層的黑色控制點拉開左右端區間（圖 6-2-2-7），使之柔和過度，調整參考數值如下。

圖 6-5-2-4　　　　　　　圖 6-5-2-5　　　　　　　圖 6-5-2-6

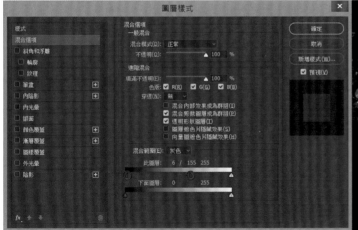

圖 6-5-2-7

0　數位影像基礎觀念

1　淺談選取與去背

2　選區編修與遮色片

3　基本選取

4　智慧選取

5　路徑選取

6　色版選取

7　好用的輔助功能

4. 加入圖層遮色片，使用黑色筆
   刷隱藏圖層邊緣銳利處，並調
   整不透明度。（圖 6-5-2-8）
   （圖 6-5-2-9）

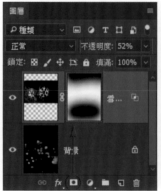

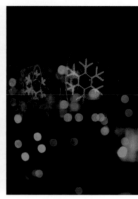

圖 6-5-2-8　　　　　圖 6-5-2-9

5. 可利用編輯 / 任意變形或反轉
   調整影像（圖 6-5-2-10）使
   之左右翻轉。（圖 6-5-2-11）

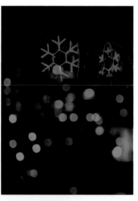

圖 6-5-2-10　　　　　圖 6-5-2-11

6. 複製聖誕樹 - 鹿影像到畫面中
   （圖 6-5-2-12），選取並開啟
   混合選項（圖 6-5-2-13）。

圖 6-5-2-12　　　　　圖 6-5-2-13

7. 調整此圖層黑色控制點，拉開左右區間（圖6-5-2-14），使之柔和過度，數值參考如下：

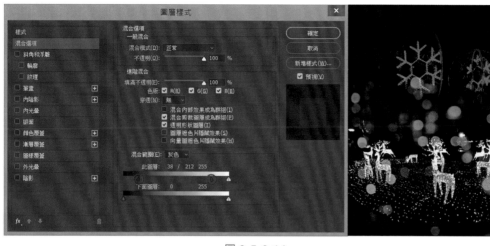

圖 6-5-2-14

8. 在此圖層增加圖層遮色片，使黑色筆刷編修，並調整不透明度（圖6-5-2-15）（圖6-5-2-16）。

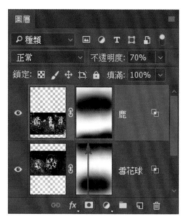

圖 6-5-2-15　　　　　　圖 6-5-2-16

9. 複製聖誕樹影像到檔案中（圖6-5-2-17），開啟混合選項（圖6-5-2-18）。

圖 6-5-2-17　　　　　　圖 6-5-2-18

0　數位影像基礎觀念

1　淺談選取與去背

2　選區編修與遮色片

3　基本選取

4　智慧選取

5　路徑選取

6　色版選取

7　好用的輔助功能

10. 調整此圖層黑色控制點，拉開左右區間，使之柔和過度，數值參考如下（圖 6-5-2-19）。

11. 使用 **T** 輸入文字，完成。

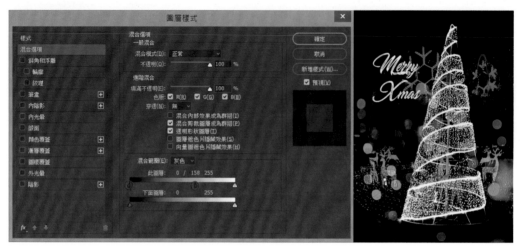

圖 6-5-2-19

6-5-3　色版 / 套用影像 / 運算與去背

　　使用色版去背，是用在下列幾種情況：半透明物如煙、雲等等，透明物如玻璃、水滴等等，細節或繁雜的物品例如樹枝、草叢等等，光或火的去背。

❶　半透明物去背

　　半透明物體的去背如雲或煙，必須考量合成目的是否與來源檔案背景色相似。若背景色調前後相似，可在原始檔案由色版去背後直接合成到目標背景中；若是背景色調前後差異大，則可考量重新為半透明物上色。

　　以下筆者分別由兩種不同情況個別使用範例來加以說明：

【狀況一】背景色調前後相似

 雲去背

圖 6-5-3-1　製作前

圖 6-5-3-2　製作後

圖 6-5-3-3　使用素材

1. 挑選天空與雲對比最明顯的紅色色版（圖 6-5-3-4），點選影像 / 運算（圖 6-5-3-5）。

圖 6-5-3-4　　　　　　　　　　　　　　　　圖 6-5-3-5

2. 將來源 1 與來源 2 同樣設定為紅色色版，並將混合模式設定為色彩增值，結果輸出到新增色版。（圖 6-2-3-6）（圖 6-2-3-7）。

圖 6-5-3-6　　　　　　　　　　　　　　　　圖 6-5-3-7

3. 選取新增的 Alpha1 色版，點選影像 / 調整 / 色階（圖 6-5-3-8），使用設定最暗點，點選天空較亮的部分天，使空與雲的對比調得更大（使否保留局部中間色調，取決於在何處設定最暗點，各位讀者可自行決定）（圖 6-5-3-9）。

圖 6-5-3-8

數位影像基礎觀念　0

淺談選取與去背　1

選區編修與遮色片　2

基本選取　3

智慧選取　4

路徑選取　5

色版選取　6

好用的輔助功能　7

圖 6-5-3-9

4. 可由資訊面板觀看滴管取色處是否已經設定為全黑（即完全透明）（圖 6-5-3-10）。

5. 使用 ✏ 筆刷工具，選取黑色，並將周圍街景塗黑，只保留雲朵。（圖 6-5-3-11）。

圖 6-5-3-10　　　　　　　　　　圖 6-5-3-11

6. 載入 Alpha1 色版作為選取範圍（圖 6-5-3-12）（圖 6-5-3-13），回圖層並加上圖層遮色片，去背完成（圖 6-5-3-14）。

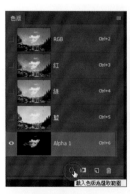

圖 6-5-3-12　　　　　　圖 6-5-3-13　　　　　　圖 6-5-3-14

7. 放大檢視發現影像與透明像素的邊界仍保留些許原始影像的藍天像素（圖 6-5-3-15）。

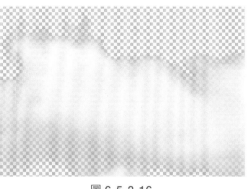

圖 6-5-3-15   圖 6-5-3-16

8. 將雲朵拖曳複製到目標影像中。由於目標影像天空色與來源類似，因此雲朵去背後殘留邊緣藍色像素也能完美融合（圖 6-5-3-17）。

圖 6-5-3-17

【狀況二】背景色調前後不同

E.g. 範例 煙去背

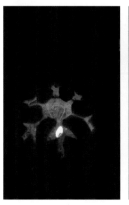

圖 6-5-3-18　製作前

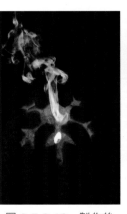

圖 6-5-3-19　製作後

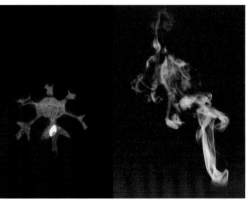

圖 6-5-3-20　使用素材

0 數位影像基礎觀念

1 淺談選取與去背

2 選區編修與遮色片

3 基本選取

4 智慧選取

5 路徑選取

6 色版選取

7 好用的輔助功能

1. 選取煙素材，複製主體與背景對比最高的紅色版（圖 6-2-3-21），開啟資訊面板查詢發現背景尚未純黑。（圖 6-5-3-22）

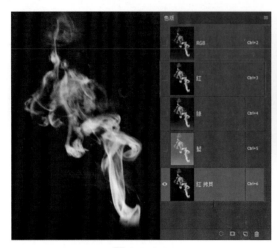

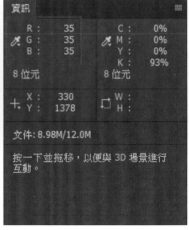

圖 6-5-3-21　　　　　　　　　　　圖 6-5-3-22

2. 點選影像／調整／色階（圖 6-2-3-23），使用設定最暗點並點選畫面中尚須清除的殘煙（圖 6-5-3-24），並確定已經為純黑（圖 6-2-3-25）。（此步驟是確認背景為透明，待會背景不會被選取到）。

圖 6-5-3-23

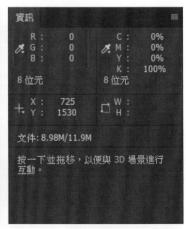

圖 6-5-3-24　　　　　　　　　　　圖 6-5-3-25

3. 載入紅拷貝色版作為選取
   範圍（圖 6-5-3-26）（圖
   6-5-3-27）。

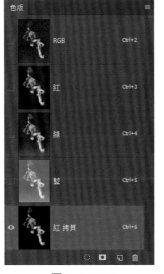

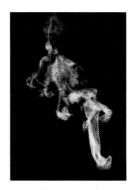

圖 6-5-3-26　　　　圖 6-5-3-27

4. 回到圖層面板，加上圖層
   遮色片（圖 6-5-3-28），
   此時可看到半透明區域仍
   保留原始背景的藍色（圖
   6-5-3-29）。

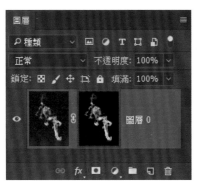

圖 6-5-3-28　　　　圖 6-5-3-29

5. 將去背完成的煙合成到背
   景中（圖 6-2-3-30），會發
   現去煙的邊緣殘餘的藍色
   背景跟背景有點格格不入
   （圖 6-5-3-31）。

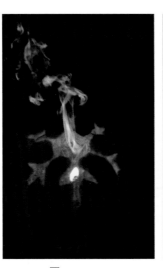

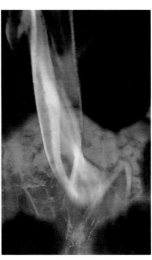

圖 6-2-3-30　　　　圖 6-2-3-31

0 數位影像基礎觀念

1 淺談選取與去背

2 選區編修與遮色片

3 基本選取

4 智慧選取

5 路徑選取

6 色版選取

7 好用的輔助功能

6. 選取藍煙圖層（圖 6-2-3-32），點選編輯／填滿（圖
   6-2-3-33），選取白色（圖 6-2-3-34），此時圖層被填
   入白色，但圖層遮色片仍保持原狀（圖 6-2-3-35）。

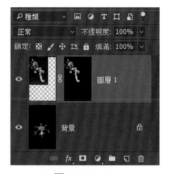

圖 6-5-3-32

圖 6-5-3-33

圖 6-5-3-34

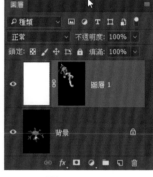

圖 6-5-3-35

7　此時可以看到，方才白煙
　　邊緣殘餘的藍色部分已經
　　變成乾淨的白色（圖 6-5-
　　3-36）（圖 6-5-3-37）。（使
　　用此方式重新填色時，必
　　須在主體顏色統一時才適
　　用，例如只有白煙或只有
　　黑煙時）。

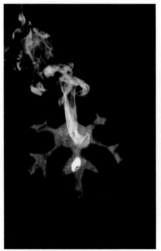

圖 6-5-3-36

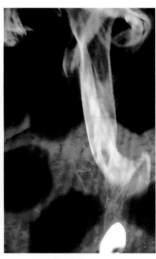

圖 6-5-3-37

數位影像基礎觀念 0

淺談選取與去背 1

選區編修與遮色片 2

基本選取 3

智慧選取 4

路徑選取 5

色版選取 6

好用的輔助功能 7

❷ 透明物去背

透明物指水滴、玻璃、冰塊等呈現半透明的物體，此類影像也可以借用色版來進行去背。

E.g 範例 **玻璃杯去背**

合成重點：使用色版選取並去背，濾鏡製作玻璃折射效果

圖 6-5-3-38　完成效果

圖 6-5-3-39　使用素材

1. 使用 筆型工具順著玻璃背邊緣，描繪一封閉路徑（圖 6-5-3-40），開啟路徑面板，選取該路徑並載入路徑作為選取範圍（圖 6-5-3-41）。

圖 6-5-3-40　　　　圖 6-5-3-41

2. 回到圖層，`Ctrl` + J 將
選取範圍中的背景影像
複製到新圖層（圖 6-2-
3-43）。

圖 6-5-3　　　　圖 6-5-3-43

3. 因為色版會受到背景影
像的影響，為了避免待
會選取亮色部分時選到
背景色，我們可以先新
增一個黑色的填滿圖層
（圖 6-5-3-46），襯在
路徑去背好的玻璃背底
部（圖 6-5-3-47）。

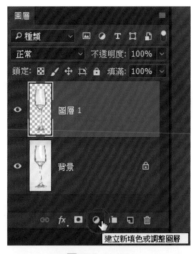

圖 6-5-3-44　　　　圖 6-5-3-45

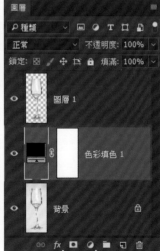

圖 6-5-3-46　　　　圖 6-5-3-47

數位影像基礎觀念

0

淺談選取與去背

1

選區編修與遮色片

2

基本選取

3

智慧選取

4

路徑選取

5

色版選取

6

好用的輔助功能

7

4. 由圖中可看到，襯在影像底部的黑色圖層也可以讓色版底部變成黑色（圖 6-2-3-47）。將綠色色版拖曳到新增色版按鈕上以複製綠色色版（圖 6-5-3-48）（綠色色版反光形狀較明顯，因此筆者在此挑選綠色色版）。

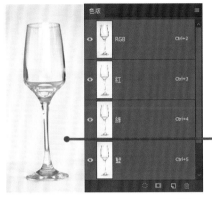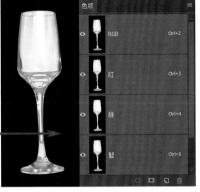

圖 6-5-3-48　　　　　　　　　　　圖 6-5-3-48-1

5. 因為複製出的綠色色版條件還不夠好，可使用色階調整，讓影像只保留反光的部分（圖 6-2-3-49）。

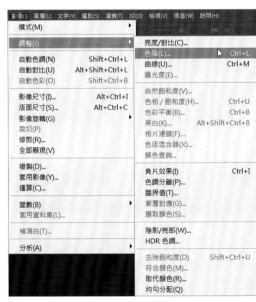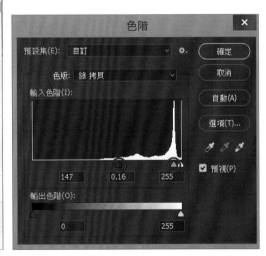

圖 6-5-3-49　　　　　　　　　　　圖 6-5-3-50

6. 因為在色階調整後，影像顆粒稍微明顯（圖 6-5-3-51），可用濾鏡 / 智慧型模糊（圖 6-5-3-53）稍微柔化之。（圖 6-5-3-54）

7. 載入綠拷貝色版作為選取範圍（圖 6-5-3-56）（圖 6-5-3-57），回到圖層面板，新增一個白色的填滿圖層，並命名為 " 反光 "（圖 6-5-3-58）（圖 6-5-3-59）。

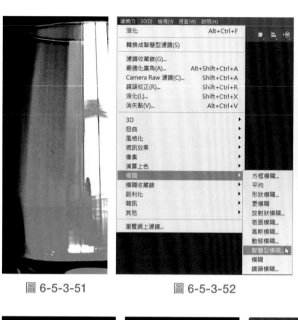

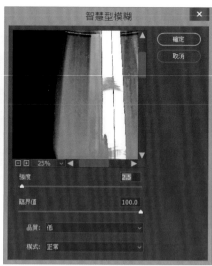

圖 6-5-3-51　　　　　　　圖 6-5-3-52　　　　　　　　　　圖 6-5-3-53

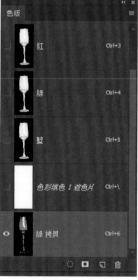

圖 6-5-3-54　　　　　圖 6-5-3-55　　　　　　圖 6-5-3-56　　　　　　圖 6-5-3-57

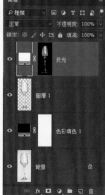

圖 6-5-3-58　　　　　　　　　　　　　　　　　圖 6-5-3-59

8. 將剛剛襯底的填滿圖層點兩下由黑色換成白色（圖6-5-3-60）（圖6-5-3-61），接著要處理陰影處。

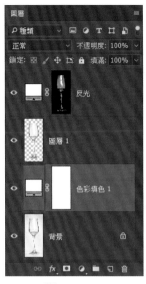

圖6-5-3-60

圖6-5-3-61

9. 再度切換到色版面版，將藍色色版拖曳到新增色版按鈕上以複製藍色色版（圖6-5-3-62）。

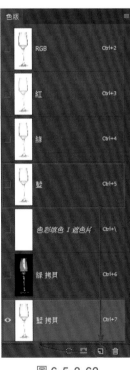

圖6-5-3-62

圖6-5-3-63

數位影像基礎觀念 0

淺談選取與去背 1

選區編修與遮色片 2

基本選取 3

智慧選取 4

路徑選取 5

色版選取 6

好用的輔助功能 7

10. 調整色階去除中間色調，只保留較深的陰暗色（圖 6-5-3-64）（圖 6-5-3-65）（圖 6-5-3-66）。

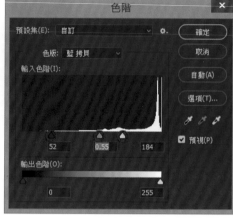

圖 6-5-3-64　　　　　　　　　　圖 6-5-3-65　　　　　　　　　圖 6-5-3-66

11. 因為色版所載入的選取範圍是白色區域，因此先執行調整／負片效果（圖 6-5-3-67）（圖 6-5-3-68）。

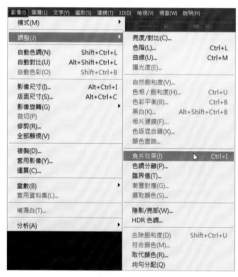

圖 6-5-3-67　　　　　　　　　　圖 6-5-3-68　　　　　　　　　圖 6-5-3-69

12. 如同前述方法，使用智慧型模糊濾鏡將調整色階所產生的粗顆粒稍微淡化（圖 6-5-3-70）。

圖 6-5-3-70　　　　　　　　　圖 6-5-3-71　　　　　　　　　圖 6-5-3-72

13. 載入藍拷貝色版作為選取範圍（圖 6-5-3-73），回到圖層面板，選取經過路徑去背的
圖層 1，`Ctrl` ＋ J 複製到新圖層，並命名圖層為 " 底色 "（圖 6-5-3-72）。

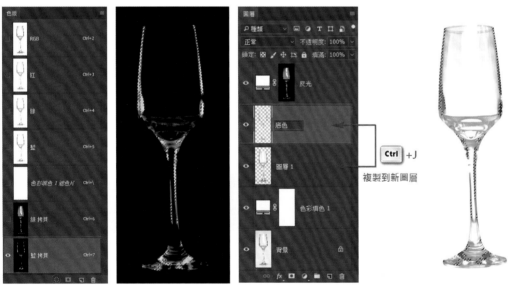

圖 6-5-3-73　　　　　　圖 6-5-3-74　　　　　　圖 6-5-3-75　　　　　　　　圖 6-5-3-76

14. 此時去背已完成，但是若希望合成到目標影像中更加自然，就必須考慮到影像玻璃材
質折射的特性，越薄的部分折射越不明顯，越厚的部分，折射扭曲越明顯。因此接著
我們要製作需要要折射的範圍。先隱藏其他圖層（圖 6-5-3-77），將前路徑去背的圖
層 1 使用 ![快速選取工具] 快速選取工具將玻璃較薄的部分選取並刪除（圖 6-5-3-80），並將圖層
命名為 " 範圍 "。

0　數位影像基礎觀念

1　淺談選取與去背

　　選區編修與遮色片

2

3　基本選取

4　智慧選取

5　路徑選取

6　色版選取

7　好用的輔助功能

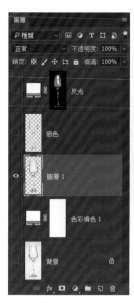

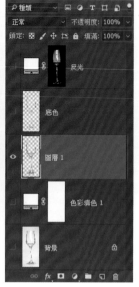

圖 6-5-3-77　　　　　　圖 6-5-3-78　　　　　　圖 6-5-3-79　　　　　　圖 6-5-3-80

15. 將剛剛製作的反光、底色、範圍三個圖層顯示並一起選取，拖曳到目標檔中（圖 6-5-3-83）。

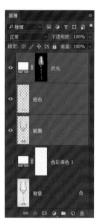

圖 6-5-3-81　　　　圖 6-5-3-82　　　　　　　　　　圖 6-5-3-83

16. 先隱藏 " 反光 " 與 " 底色圖層 "，併按住 Ctrl 再同時點選範圍圖層縮圖，載入此圖層 範圍（圖 6-5-3-84）。

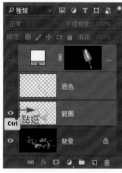

圖 6-5-3-84　　　　　　　　圖 6-5-3-85

數位影像基礎觀念　0

淺談選取與去背　1

選區編修與遮色片　2

基本選取　3

智慧選取　4

路徑選取　5

色版選取　6

好用的輔助功能　7

17. 切換到背景圖層，以剛載入的選取範圍複製到 [Ctrl] + J 複製到新圖層（圖 6-5-3-86）。

圖 6-5-3-86

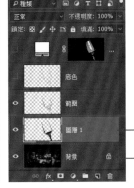

圖 6-5-3-87

18. 維持範圍選取狀態，點選濾鏡 / 液化，將範圍內影像輕推使之扭曲變形（圖 6-5-3-89）。

圖 6-5-3-88

圖 6-5-3-89

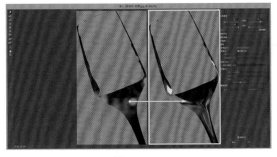

圖 6-5-3-90

圖 6-5-3-91

19. 顯示底色與反光圖層（圖 6-5-3-92）。將底色圖層設定混合模式為色彩增值（圖 6-5-3-94）

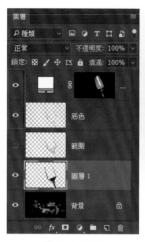

圖 6-5-3-92

圖 6-5-3-93

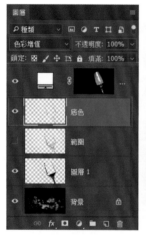

圖 6-5-3-94

圖 6-5-3-95

20. 這時發現反光圖層過亮，可選取遮色片，再次到影像 / 色階中調整到符合背景為止（圖 6-5-3-97）。

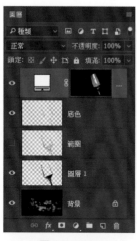

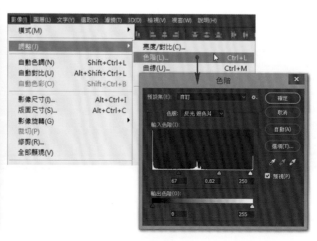

圖 6-5-3-96

圖 6-5-3-97

圖 6-5-3-98

21. 可將此三個圖層選取，一起再複製一個，並調整方向（圖 6-5-3-99）。

22. 最後使用文 T 字工具加入文字（圖 6-5-3-100）。

圖 6-5-3-99

圖 6-5-3-100

關於折射率

類似玻璃的透明物在進行去背時必須可量折射率，不只是單純處理去背就好。以剛剛的範例來說，有折射與無折射的差異如下圖，有折射的透明物較有存在感，沒有折射只有去背的透明物只是直接看穿而已。

圖 6-5-3-101

圖 6-5-3-102

0 數位影像基礎觀念

1 淺談選取與去背

2 選區編修與遮色片

3 基本選取

4 智慧選取

5 路徑選取

6 色版選取

7 好用的輔助功能

折射率指影像透過在厚度較厚的透明物（如玻璃）觀察時，產生較明顯影像扭曲的效果。

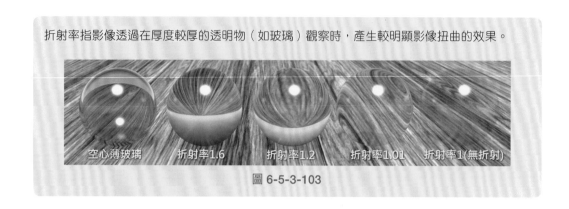

圖 6-5-3-103

③ 細節物去背

範例 E.g. 芒草去背

合成重點：使用調整圖層可以暫時調整影像不致於破壞影像。此範例使用調整圖層完成遮色片的製作，再將芒草景剪影裡面原本的背景去除，合成到星空背景。

圖 6-5-3-103　完成效果

圖 6-5-3-104　使用素材

1. 建立負片調整圖層（圖 6-5-3-105），使影像明暗與色彩反轉（圖 6-5-3-106）。此時圖層面版會新增一個負片的調整圖層。（圖 6-5-3-107）

圖 6-5-3-105

圖 6-5-3-106

圖 6-5-3-107

2. 新增色版混合調整圖層（圖 6-5-3-108），勾選單色（輸出到灰色）（圖 6-5-3-109），調整畫面到天空接近全黑（圖 6-5-3-110）。

圖 6-5-3-108

圖 6-5-3-109

圖 6-5-3-110

圖 6-5-3-111

3 　新增色階調整圖層（圖 6-5-3-112），調整影像讓黑白更加分明（圖 6-5-3-113）。

圖 6-5-3-112

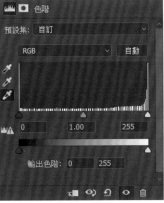

圖 6-5-3-113

圖 6-5-3-114

數位影像基礎觀念　0

淺談選取與去背　1

選區編修與遮色片　2

基本選取　3

智慧選取　4

路徑選取　5

6　色版選取

好用的輔助功能　7

4. 再色版面版中選取 RGB 複合色版（圖 6-5-3-115），載入色版作為選取範圍。（圖 6-5-3-116）

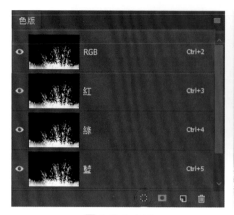

圖 6-5-3-115

圖 6-5-3-116

5. 回到圖層面板，選取背景圖層，加入圖層遮色片（圖 6-5-3-117）。

6. 隱藏剛剛製作過所有調整圖層，去背完成（圖 6-5-3-118）。

圖 6-5-3-117

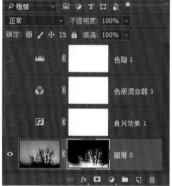

圖 6-5-3-118

7. 將影像複製到目標檔案中，因為來源影像跟目標影像的明暗與色調差異較大，檔至去背邊緣有些白邊產生，又考慮到目標影像已經接近傍晚，因此可以直接調整混合模式為加深顏色（圖 6-5-3-121），使之與背景更加融合。

圖 6-5-3-119

圖 6-5-3-120

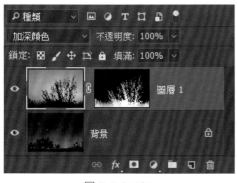

圖 6-5-3-121

圖 6-5-3-122

數位影像基礎觀念　0

淺談選取與去背　1

選區編修與遮片　2

基本選取　3

智慧選取　4

路徑選取　5

色版選取　6

好用的輔助功能　7

![範例] **髮絲去背**

　　合成重點：判斷背景的特性使用不同工具將髮絲去背，並在合成後依據目標背景調整色調。

圖 6-5-3-123　完成圖參考

圖 6-5-3-124　使用素材

1. 由於人物不是全由髮絲構成，我們只有髮絲部分需要使用色版去背，因此在線條輪廓明確的部分，可以先用筆型工具描繪路徑備用。描繪時，注意跳過髮絲末梢（圖 6-5-3-126）（圖 6-5-3-127）（圖 6-5-3-128），因為髮絲待會需要用色版進一步處理。

圖 6-5-3-125

圖 6-5-3-126

圖 6-5-3-127

圖 6-5-3-128

2. 描繪完畢時（圖6-5-3-129），
   切換到路徑面板已確認描繪完成
   的路徑是否已經為封閉工作路徑
   （圖6-5-3-130）。

圖 6-5-3-129　　　　　　圖 6-5-3-130

3. 觀察紅（圖6-5-3-131）綠（圖6-5-3-132）藍（圖6-5-3-133）三個色版，可以發現
   在藍色色版（圖6-5-3-133）的髮色比其他更加明顯，因此待會可作用在藍色色版中。

圖 6-5-3-131　　　　　　圖 6-5-3-132　　　　　　圖 6-5-3-133

4. 點選影像 / 運算（圖6-5-3-134）。來源1設定為藍色色版，來源2設定在紅色色
   版，混合模式使用減去，此時一面觀察影像的變化，可發現此時在髮絲部分是最明
   顯又不失細節的，結果指定為新增色版，避免影響到最後複合色版成色（圖6-5-3-
   135）。完成後可發現在色版面板中多了一個 Alpha 色版 1。（圖6-5-3-137）

圖 6-5-3-134　　　　　　　　圖 6-5-3-135

圖 6-5-3-136　　　　　　圖 6-5-3-137

5. 再執行一次運算，這次兩個來源都設定為剛剛建立的 Alpha1，使用增加模式來強化剛剛髮絲的區域，一樣將結果指定到新增色版（圖 6-5-3-138）。色版面板中多了一個 Alpha2 色版（圖 6-5-3-140）。

圖 6-5-3-138　　　　　　圖 6-5-3-139　　　　　圖 6-5-3-140

6. 切換到路徑面板，載入路徑作為選取範圍（圖 6-5-3-141），在 Alpha2 中填滿白色（必須純白）（圖 6-5-3-143）

圖 6-5-3-141　　　　　　圖 6-5-3-142　　　　　圖 6-5-3-143

數位影像基礎觀念　0

淺談選取與去背　1

選區編修與遮色片　2

基本選取　3

智慧選取　4

路徑選取　5

6　色版選取

好用的輔助功能　7

7. 使用 筆刷工具， 前景色使用黑色筆刷在背景處塗抹，除了人物範圍之外都塗黑（圖6-5-3-148）。使用 模式：柔光 塗抹髮絲邊緣可避髮絲邊緣直接被擦掉。（圖6-5-3-145）（圖6-5-3-146）（圖6-5-3-147）

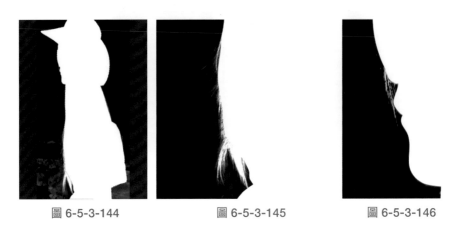

圖 6-5-3-144　　　　　圖 6-5-3-145　　　　　圖 6-5-3-146

8. 檢查每個細節。

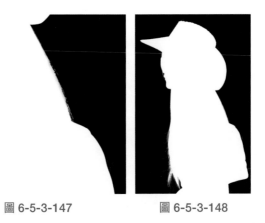

圖 6-5-3-147　　　　圖 6-5-3-148

9. 接著處理帽緣的孔，按下色版面板底下的 新增一新的色版（非複製）（圖6-5-3-149），並挑選帽緣與孔洞色彩對比最明顯的紅色色版，由於處理孔洞只是局部，只要在紅色色版中帽緣孔洞將附近區域使用套索工具大致圈選即可（圖6-5-3-150），然後複製到剛剛新增的新色版中（圖6-5-3-151）。

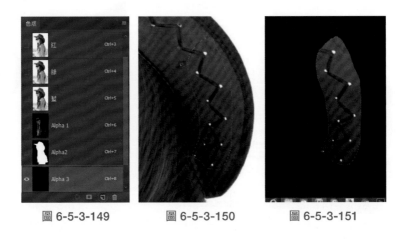

圖 6-5-3-149　　　　圖 6-5-3-150　　　　圖 6-5-3-151

10. 點選影像 / 調整 / 色階，調整明暗使畫面只剩孔洞處是白色（圖 6-5-3-152）（圖 6-5-3-153）。

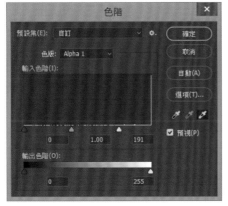

圖 6-5-3-152　　　　　　　　　　圖 6-5-3-153

11. 使用影像 / 運算，來源 1 設定為 Alpha3，來源 2 設定為 Alpha4（圖 6-5-3-154），混合模式使用減去，將孔洞與人物合在一起（圖 6-5-3-155），並將結果製作成新色版 Alpha4。（圖 6-5-3-156）

圖 6-5-3-154　　　　　　圖 6-5-3-155　　　　　圖 6-5-3-156

12. 載入 Alpha4 色版作為選取範圍（圖 6-5-3-157），回到圖層（圖 6-5-3-159），並加上圖層遮色片（圖 6-5-3-160）。

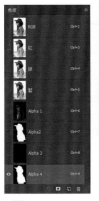

圖 6-5-3-157　　　　　圖 6-5-3-158　　　　　圖 6-5-3-159

數位影像基礎觀念　0

淺談選取與去背　1

選區編修與遮色片　2

基本選取　3

智慧選取　4

路徑選取　5

色版選取　6

好用的輔助功能　7

圖 6-5-3-160　　　　　　　　　　圖 6-5-3-161

13. 將影像複製到目標影像中（圖 6-5-3-162），觀察細節去背是否得當（圖 6-5-3-163）。

圖 6-5-3-162　　　　　　　　　　圖 6-5-3-163

11. 由於來源影像的色調與目標影像色調有些差異，可以使用影像 / 調整 / 符合顏色來使
影像符合背景色調（圖 6-5-3-164）（圖 6-5-3-165）（圖 6-5-3-166）。

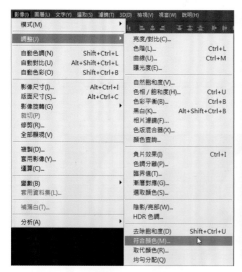

圖 6-5-3-164　　　　　　　　　　圖 6-5-3-165

圖 6-5-3-166

12. 若想中和來源與目標影像色調，可以調和淡化數值（圖 6-5-3-167）（圖 6-5-3-168）。將影像合成到其他背景也可以使用相同方式調和色調（圖 6-5-3-169）（圖 6-5-3-170）（圖 6-5-3-171）。

圖 6-5-3-167

圖 6-5-3-168

圖 6-5-3-169

圖 6-5-3-170

圖 6-5-3-171

0 數位影像基礎觀念

1 淺談選取與去背

2 選區編修與遮色片

3 基本選取

4 智慧選取

5 路徑選取

6 色版選取

7 好用的輔助功能

E.g. 範例 婚紗去背

合成重點：處理頭髮與婚紗半透明部分去背，並能自然合成在其他背景中

圖 6-5-3-172　完成參考圖

圖 6-5-3-173　使用素材

1. 使用筆型工具描繪整個婚紗範圍輪廓為封閉路徑（圖 6-5-3-174），並載入路徑作為選取範圍（圖 6-5-3-175），複製此範圍影像到新圖層（圖 6-5-3-177）。

圖 6-5-3-174

圖 6-5-3-175

圖 6-5-3-176

複製到新圖層

圖 6-5-3-177

數位影像基礎觀念

0

淺談選取與去背

1

選區編修與遮色片

2

基本選取

3

智慧選取

4

路徑選取

5

色版選取

6

好用的輔助功能

7

2. 使用筆型工具描繪人形外圍輪廓為封閉路徑（圖 6-5-3-178），並載入路徑作為選取範圍（圖 6-5-3-179），在上一步驟產生的圖層中複製此範圍影像到新圖層（圖 6-5-3-181）。

圖 6-5-3-178　　　　　圖 6-5-3-179

 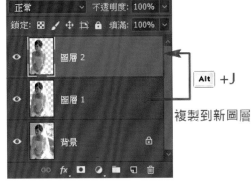

圖 6-5-3-180　　　　　圖 6-5-3-181

3. 點選影像/運算，點選來源 1 為圖層 1 的藍色色版，來源 2 為圖層 2 個透明色版，混合模式使用變亮，並將結果產生在新色版中（Alpha1）（圖 6-5-3-184）。

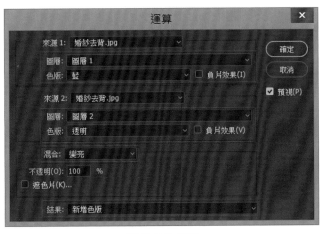

圖 6-5-3-182

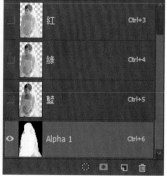

圖 6-5-3-183　　　　　圖 6-5-3-184

4. 接著處理剛剛路徑描繪時未處理的睫毛與些許髮絲。使用套索工具圈選睫毛與頭髮邊緣（圖 6-5-3-185），複製紅色色版（圖 6-5-3-186），反轉選取後將外圍填滿白色（圖 6-5-3-187），取消選取後使用色階調整到圈選範圍中的灰階去除為止（圖 6-5-3-188）。

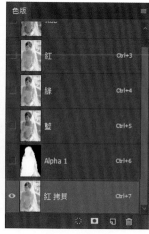

圖 6-5-3-185　　　　　圖 6-5-3-186　　　　　圖 6-5-3-187

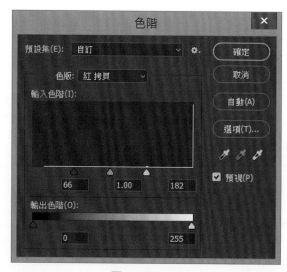

圖 6-5-3-188

5. 將此範圍轉為負片效果（圖 6-5-3-191）。

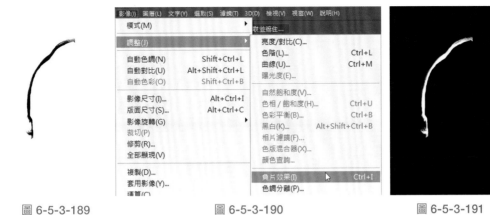

圖 6-5-3-189　　　　　圖 6-5-3-190　　　　　圖 6-5-3-191

6. 再次使用影像 / 運算，來源 1 指定為合併圖層的 Alpha1 色版，來源 2 指定為合併圖層的紅拷貝色版，混合模式設定為增加，並將結果產生在新色版中（Alpha2）（圖 6-5-3-193）。

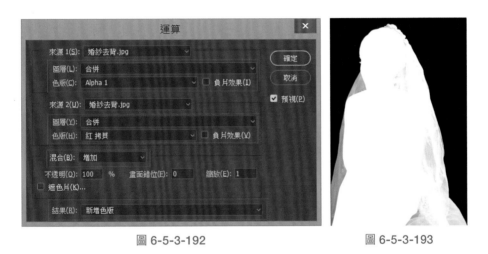

圖 6-5-3-192　　　　　　　　圖 6-5-3-193

7. 載入 Alpha2 色版作為選取範圍（圖 6-5-3-194），回到圖層並選取背景圖層，加上圖層遮色片（圖 6-5-3-196）。

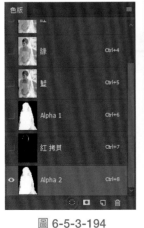  

圖 6-5-3-194　　　　　圖 6-5-3-195　　　　　圖 6-5-3-196

數位影像基礎觀念　0

淺談選取與去背　1

選區編修與遮色片　2

基本選取　3

智慧選取　4

路徑選取　5

色版選取　6

好用的輔助功能　7

圖 6-5-3-197　　　　圖 6-5-3-198　　　　圖 6-5-3-199

8. 將加上圖層遮色片的背景圖層與只有人物不帶白紗的圖層 2 一併複製到目標影像檔案中（圖 6-5-3-199）（圖 6-5-3-201）。分成兩個圖層主要是希望人物與與白紗兩個圖層可靈活各自修改。

9. 合成到目標影像後果然發現白紗左邊稍暗（圖 6-5-3-200），因此可以再次載入遮色片選取範圍（ **Ctrl** ＋ 點選遮色片縮圖），並在該圖層影像中使用白色筆刷 輕微塗抹（圖 6-5-3-202）。

10. 為了符合背景色調，可使用影像 / 調整 / 符合顏色，指定來源檔案與圖層為目前檔案的背景圖層（圖 6-5-3-203）。

圖 6-5-3-200　　　　　　　　　　圖 6-5-3-201

圖 6-5-3-202　　　　　　　　　　圖 6-5-3-203

圖 6-5-3-204

圖 6-5-3-205

④ 光去背

範例. 煙火去背

光的去背方法其實很多，可以使用混合模式直接去除、混合色帶調和，也可以將 RGB 色版分出來重新上色。本範例將示範使用色版重新上色的方式來為光去背。

圖 6-5-3-206 完成效果

圖 6-5-3-207 使用素材

1. 觀察紅（圖 6-5-3-208）、綠（圖 6-5-3-209）、藍（圖 6-5-3-210）三個色版，開啟資訊面版（圖 6-5-3-211），使用滴管工具擷取天空部分，檢查 RGB 是否為 0（純黑）

圖 6-5-3-208

圖 6-5-3-209

圖 6-5-3-210

0 數位影像基礎觀念

1 淺談選取與去背

2 選區編修與遮色片

3 基本選取

4 智慧選取

5 路徑選取

6 色版選取

7 好用的輔助功能

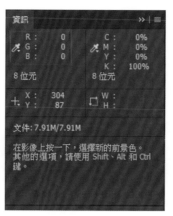

圖 6-5-3-211

2. 先選取紅色色版，並載入作為選取範圍（圖 6-5-3-212）。回到圖層面版，新增一個
   紅色純色（R:255,G:0,B:0）填滿圖層（圖 6-5-3-215），完成之後先將圖層隱藏（為
   了不影響下一個色版製作）（圖 6-5-3-217）。

圖 6-5-3-212

圖 6-5-3-213

圖 6-5-3-214

圖 6-5-3-215

圖 6-5-3-216　　　　　　　　　圖 6-5-3-217

3. 接著選取綠色色版，並載入作為選取範圍（圖 6-5-3-218）。回到圖層面版，新增一個綠色純色（R: 0,G: 255,B:0）填滿圖層（圖 6-5-3-221），完成之後先將圖層隱藏（為了不影響下一個色版製作）（圖 6-5-3-223）。

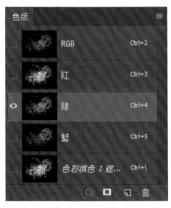

圖 6-5-3-218

圖 6-5-3-219

圖 6-5-3-220

圖 6-5-3-221

0 數位影像基礎觀念

1 淺談選取與去背

2 選區編修與遮色片

3 基本選取

4 智慧選取

5 路徑選取

6 色版選取

7 好用的輔助功能

圖 6-5-3-222

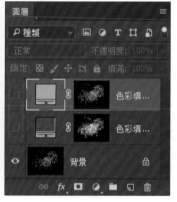

圖 6-5-3-223

4. 接著選取藍色色版，並載入作為選取範圍（圖 6-5-3-224）。回到圖層面版，新增一個藍色純色（R: 0,G: 0,B: 255）填滿圖層（圖 6-5-3-227），完成之後顯示所有純色填滿圖層（圖 6-5-3-229），隱藏背景圖層。

5. 將此三個填滿圖層一起選取（圖 6-5-3-230），並將混合模式改為變亮且複製到目標圖檔中（圖 6-5-3-232），以此類推加入各種光素材（圖 6-5-3-233），完成。

圖 6-5-3-224

圖 6-5-3-225

圖 6-5-3-226

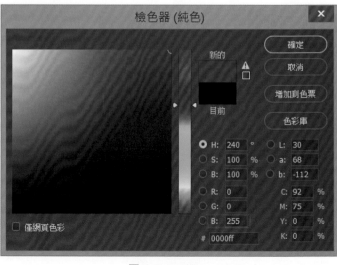

圖 6-5-3-227

圖 6-5-3-228

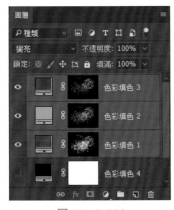

圖 6-5-3-229

圖 6-5-3-230

圖 6-5-3-231

圖 6-5-3-232

圖 6-5-3-233

❺. 色版選區直接應用至遮色片

金屬與玻璃球

載入色版作為選區後，直接套用在影像上作為遮色片可創造出更多意想不到的變化。例如可利用金屬與玻璃共同擁有反射的特性，在色版上可直接直接提取反射作為選取範圍，在套用在玻璃效果上。

0 數位影像基礎觀念

1 淺談選取與去背

2 選區編修與遮色片

3 基本選取

4 智慧選取

5 路徑選取

6 色版選取

7 好用的輔助功能

合成重點：使用色版選取金屬的反射光，直接作為遮色片再製作成玻璃效果。

圖 6-5-3-234　製作前　　　圖 6-5-3-235　製作後

1. 選取金屬球圖層，先隱藏圖層樣式效果，並且隱藏圖樣填滿背景。（圖 6-5-3-237）
（如此才能得到乾淨的色版）

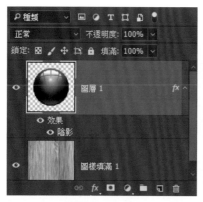
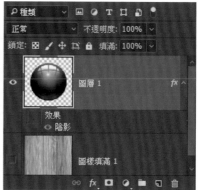

　　　圖 6-5-3-236　　　　　　　　圖 6-5-3-237

2. 觀察色版，選取主體與反光最明顯的紅色色版並往下拖曳到新增色版  按鈕上進行
複製（圖 6-5-3-239）。

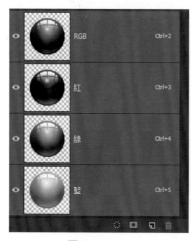
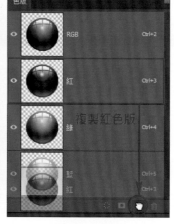

　　圖 6-5-3-238　　　　　　圖 6-5-3-239　　　　　　圖 6-5-3-240

3. 直接載入紅拷貝色版作為選取範圍（圖 6-5-3-241）。

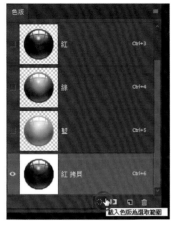

圖 6-5-3-241　　　　　　　圖 6-5-3-242

4. 回到圖層面板，在藍色金屬球圖層上增加圖層遮色片（圖 6-5-3-243）（圖 6-5-3-244）。

5. 由於幾乎看不到藍色的存在（圖 6-5-3-245），因此點選剛剛建立的圖層遮色片，開啟影像／調整／色階進行調整（圖 6-5-3-246），往左移動白色控制點到藍色適當顯現為止（圖 6-5-3-247）（圖 6-5-3-249）。

圖 6-5-3-243

圖 6-5-3-244

圖 6-5-3-245

圖 6-5-3-246

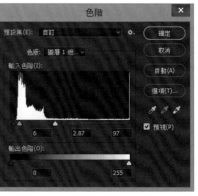

圖 6-5-3-247

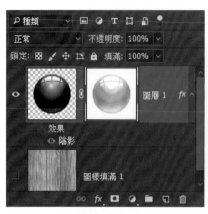

圖 6-5-3-248　　　　　　　　圖 6-5-3-249

6. 開啟剛剛隱藏的陰影圖層樣式，此時已經有玻璃球的雛型囉！（圖 6-5-3-251）

7. 接著製作玻璃球的折射效果。按住 <kbd>Ctrl</kbd> 並左鍵點選圖層縮圖以載入玻璃球選取範圍（圖 6-5-3-252）。

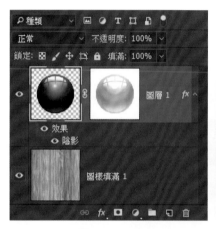

圖 6-5-3-250　　　　　　　　圖 6-5-3-251

圖 6-5-3-252　　　　　　　　圖 6-5-3-253

8. 切換到圖樣填滿圖層，將圖樣填滿圖層點陣化之後，以剛剛載入的圓球選取範圍 `Ctrl` +J 複製此圖層到新圖層（維持蟻型線選取狀態）（圖 6-5-3-254），並套用魚眼效果濾鏡數次（圖 6-5-3-255）（圖 6-5-3-256），完成。（圖 6-5-3-257）

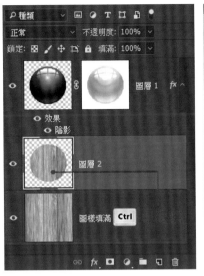

圖 6-5-3-254

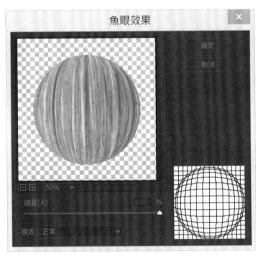

圖 6-5-3-256

圖 6-5-3-255

圖 6-2-3-257

0 數位影像基礎觀念

1 淺談選取與去背

2 選區編修與遮色片

3 基本選取

4 智慧選取

5 路徑選取

6 色版選取

7 好用的輔助功能

Note

I LOVE
MY STYLE

CHAPTER 7

作品再進化
好用的輔助功能

7-1 變形影像

在去背之後的影像，常常拿來合成到其他檔案上，此時不免需要將影像做些變形調整。點選編輯下拉式選單（圖 7-1-1），可找到許多針對影像變形的選項：

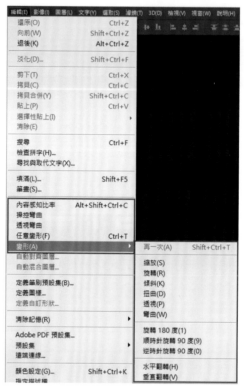

圖 7-1-1

在 Photoshop 中的變形可使用以下種方式：

❶ 任意變形

任意變形主要是針對常用的變形快速調整，例如縮放、旋轉、傾斜。也可以按下快捷鍵 Ctrl +T 快速啟動。進入任意變形模式時，也可透過選項列使用數值調整影像的變形。

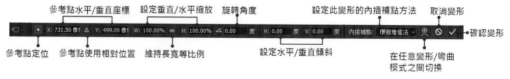

圖 7-1-2

② 縮放影像

進入任意變形模式時，影像邊界會出現一個矩形框 8 個控制點（圖 7-1-3），此時拉動控制點可自由放大縮小影像。可按住 **Shift ⇧** 並拖曳控制點（圖 7-1-5），來維持原比例縮放影像，或是在選項列的設定水平／縮放影像（圖 7-1-4），搭配鎖定比例 W: 100.00% ∞ H: 100.00%，以調整數值的方式來調整影像。

圖 7-1-3

圖 7-1-4

圖 7-1-5

③ 旋轉影像

將游標稍微遠離八個變形控制點一些，可以看到旋轉符號，此時可以拉動以調整影像的旋轉角度（圖 7-1-6），也可以透過選項列使用調整數值 △ 0.00 度 的方法來進行影像旋轉。

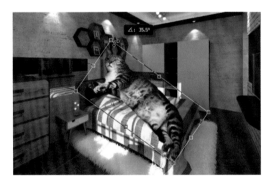

圖 7-1-6

④ 傾斜影像

透過編輯／變形／傾斜，將游標碰到矩形框上，出現雙向箭頭時，可拖曳使影像傾斜（圖 7-1-7），也可以透過選項列使用調整數值 H: 0.00 度 V: 0.00 度 的方法來進行影像旋轉。

圖 7-1-7

數位影像基礎觀念 0

淺談選取與去背 1

選區編修與遮色片 2

基本選取 3

智慧選取 4

路徑選取 5

色版選取 6

好用的輔助功能 7

❺ 其他變形選項

　　透過編輯／變形，可開啟更多變形選項，進入這些變形模式時，都可透過拖曳矩形框或控制點的方式來將影像變形。以下為例如扭曲（圖 7-1-8）、透視（圖 7-1-9）（圖 7-1-10）、彎曲（圖 7-1-11）。

圖 7-1-8

圖 7-1-9

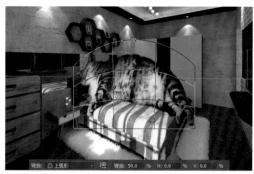

圖 7-1-10

圖 7-1-11

　　使用彎曲選項時，也可切換到內建的彎曲模式，套用各種彎曲樣式（圖 7-1-12～圖 7-1-22）：

圖 7-1-12

圖 7-1-13

圖 7-1-14

圖 7-1-15

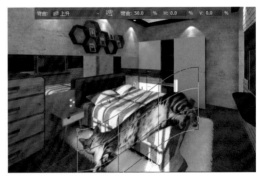

圖 7-1-16

圖 7-1-17

圖 7-1-18

圖 7-1-19

圖 7-1-20

圖 7-1-21

圖 7-1-22

數位影像基礎觀念　0

淺談選取與去背　1

選區編修與遮色片　2

基本選取　3

智慧選取　4

路徑選取　5

色版選取　6

好用的輔助功能　❼

變形選單中也有睡時針/逆時針90度、180旋轉、水平/垂直翻轉（圖7-1-23~圖7-1-27）。

圖 7-1-23

圖 7-1-24

圖 7-1-25

圖 7-1-26

圖 7-1-27

變形完成後，必須按下 ⊘ ✓ 來取消或確認變形，才能繼續進行其他影像編輯工作。

❻ 操控彎曲

設定網紋密度可變形的品質　　設定圖釘深度，可按多次解決重疊　　取消/確認操控彎曲

正常：預設剛性
堅硬：更難彎曲
扭曲：最適合校正扭曲

擴張或縮減　切換網紋
變形區域

設定圖釘旋轉　移除所有圖釘

圖 7-1-28

「操控彎曲」提供視覺式網紋，可進行大幅扭曲特定的影像區域，但其他區域保持不變。應用範圍可從細微的影像潤飾（例如尾巴）到大範圍變形（例如彎腰）。

除了影像圖層外，「操控彎曲」也可以套用至圖層和向量圖遮色片。若要以非破壞性方式扭曲影像，可先將影像轉智慧型物件。

操控彎曲的項目：

■ 模式

決定網紋的總體彈力。為高彈性網紋選擇「扭曲」，適合用來彎曲寬角度影像或紋理對應。

圖 7-1-29

圖 7-1-30

圖 7-1-31

■ 密度

決定網紋點的間距。「更多點」會增加精確度，但需要更多處理時間；「較少點」獲得的結果相反。

圖 7-1-32

數位影像基礎觀念 0

淺談選取與去背 1

選區編修與遮色片 2

基本選取 3

智慧選取 4

路徑選取 5

色版選取 6

好用的輔助功能 7

圖 7-1-33

圖 7-1-34

- 擴展

  擴張或縮減網紋的外邊緣。

圖 7-1-35

圖 7-1-36

圖 7-1-37

- 顯示網紋

  取消選取此選項將只顯示調整圖釘，可提供較清楚的變形預視。H 鍵可暫時隱藏。

圖 7-1-38

圖 7-1-39

在影像上按一下增加圖釘，並且可拉動圖釘已變形影像，當圖釘為非選取狀態時，圖釘固定處即是不會被影響的地方，鄰近的圖釘可保持附近區域完整不變。

若要顯示與其他網紋區域重疊的網紋區域，請按一下選項列中的「圖釘深度」按鈕 ▣圖釘深度：＋◎ ＋◎ 。

若要移除所選圖釘，請按 Del 鍵。若要移除其他個別圖釘，可將游標直接放在該圖釘上，並按 Alt ，當剪刀圖示 ✂ 出現時，按一下滑鼠左鍵。

按一下選項列中的 ⟲ 可「移除所有圖釘」按鈕 。

智慧型物件

影像變形會造成像素的破壞，因此為了避免像素遭受到破壞，可以在圖層按右鍵／轉為智慧型物件（圖 7-1-38），若要解除智慧型物件，在圖層按右鍵／點陣化圖層即可（圖 7-1-39）。智慧型物件並非將品質變好，只是維持原有的品質，因此必須在進行任何變形編輯前就要先轉換成智慧型物件，才能確保像素不遭受破壞或遺失。

圖 7-1-40

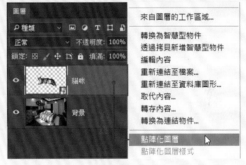

圖 7-1-41

圖 7-1-42　智慧型物件圖層會在圖層縮圖右下角出現 ⊞ 符號，且在進入變形編輯模式時框架會出現

數位影像基礎觀念　0

淺談選取與去背　1

選區編修與遮色片　2

基本選取　3

智慧選取　4

路徑選取　5

色版選取　6

好用的輔助功能　❼

圖 7-1-43　智慧型物件進行縮小再放大後，影像不失真，像素沒有遭受到破壞

圖 7-1-44　一般像素型物件進行縮小再放大後，影像模糊失真，像素已經遭受到破壞

7-2　認識 Photoshop 中好用的素材 – 各種素材預設集

7-2-1　關於預設集管理員

使用「預設集管理員」可以管理 Photoshop 中預設的筆刷、色票、漸層、樣式、圖樣、輪廓、自訂形狀，以及 Photoshop 中所附的預設工具。其中筆刷（圖 7-2-1）、漸層（圖 7-2-2）、自訂形狀（圖 7-2-3）擁有自己的工具，色票（圖 7-2-4）、樣式（圖 7-2-5）擁有自己的獨立面板，圖樣（圖 7-2-6）與輪廓（圖 7-2-7）則是附屬在其他工具中。擁有獨立面板的項目可按下 ▤ 右上方的設定按鈕開啟並管理預設集，其他項目則是點選 ⚙ 右上方的設定按鈕開啟進行設定。

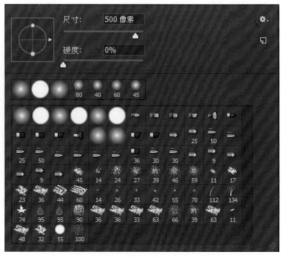

圖 7-2-1

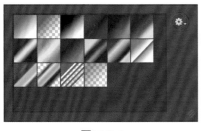

圖 7-2-2

圖 7-2-3

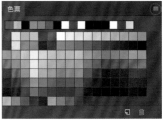

圖 7-2-4

圖 7-2-5

圖 7-2-6

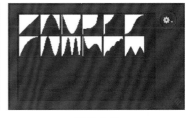

圖 7-2-7

每一種類型的程式庫都有自己的副檔名和預設檔案夾。預設集檔案安裝在電腦中 Adobe Photoshop 應用程式檔案夾的「預設集」檔案夾內。

若要開啟「預設集管理員」，請選擇「編輯 / 預設集 / 預設集管理員」。從「預設集類型」選單中選擇選項，即可切換到特定的預設集類型。

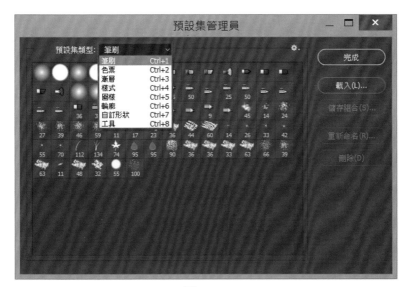

圖 7-2-8

0 數位影像基礎觀念

1 淺談選取與去背

2 選區編修與遮色片

3 基本選取

4 智慧選取

5 路徑選取

6 色版選取

7 好用的輔助功能

預設集中存有各種類型資料的預設項目，使用者可以自行調整檢視模式、管理預設集項目、載入其他預設集主題等等。

圖 7-2-9

7-2-2 檢視模式

❶ 僅文字

圖 7-2-10 顯示每個預設集項目的名稱

❷ 小型縮圖或大型縮圖

圖 7-2-11 顯示每個預設集項目的縮圖

❸ 小型清單或大型清單

圖 7-2-12 顯示每個預設集項目的名稱和縮圖

0 數位影像基礎觀念

1 淺談選取與去背

2 選區編修與遮色片

3 基本選取

4 智慧選取

5 路徑選取

6 色版選取

❼ 好用的輔助功能

❹ 筆畫縮圖

顯示每一個筆刷預設集的樣本筆觸和筆刷縮圖（圖 7-2-15）（只有筆刷預設集可以使用這個選項）。

若要重新排列項目清單，請將清單中的項目向上或向下拖移。

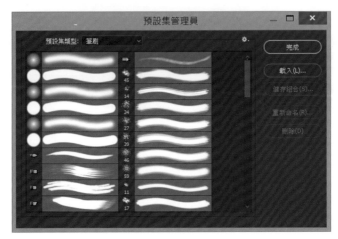

圖 7-2-15

7-2-3　預設集管理員

❶ 載入預設集項目的程式庫

■ 載入更多內部預設集主題

按一下該預設集面板右上方的 ▤ 或 ⚙，然後從面板選單的下方區域，可選擇更多其他內建主題程式庫檔案（圖 7-2-16）。按一下「確定」取代目前的清單，或按一下「加入」加入目前的清單（圖 7-2-17）。

圖 7-2-16　　　　　　　　　　　　圖 7-2-17

■ 載入其他外部預設集主題

若要將程式庫載入目前的清單中，請按一下 載入(L)... ，選取要加入的程式庫檔案，然後按一下「載入」。

若要以不同的程式庫取代目前的清單，請從面板選單中選擇「取代 [預設集類型]」。選取要使用的色票庫檔案，然後按一下「載入」。每一種類型的程式庫都有自己的副檔名和預設檔案夾。

各種預設集程式庫的副檔名：

筆刷檔為 筆刷 (*.ABR)

漸層檔為 漸層 (*.GRD)

色票檔為 色票 (*.ACO)

樣式檔為 樣式 (*.ASL)

圖樣檔為 圖樣 (*.PAT)

輪廓檔為 輪廓 (*.SHC)

自訂形狀檔為 自訂形狀 (*.CSH)

工具檔為 工具預設集 (*.TPL)

■ 管理預設集項目

可以重新命名或刪除預設集項目，也可以建立或復原預設集的程式庫。

■ 重新命名預設集項目

選取一個或多個預設項目，點選 重新命名(R)...

■ 刪除預設集項目

選取一個或多個預設項目，點選 刪除(D)

■ 建立新的預設集程式庫

確認視窗中的項目要一起儲存為一個預設集主題，點選 儲存組合(S)...

■ 復原預設集項目的預設程式庫

從面板選單選擇「重設」可將預設集回復預設狀態。

預設集是影像設計時的好幫手，建議大家多加了解利用，可節省很多工作流程、創造出豐富多變的設計效果。預設集除了預設的項目、內建的項目、從外部載入的項目之外，使用者也可以自創並定義自訂預設集項目。

0 數位影像基礎觀念

1 淺談選取與去背

2 選區編修與遮色片

3 基本選取

4 智慧選取

5 路徑選取

6 色版選取

7 好用的輔助功能

7-3 合成也要搭配色調 – 學會調整整體影像色彩

為了讓影像合成更完美、更自然、更天衣無縫，調整影像色調明暗是去背合成中不可或缺的流程。

除了編輯影像色彩之外，在去背流程中編輯遮色片也需要大量使用到明暗調整的功能。

7-3-1　明暗與對比調整

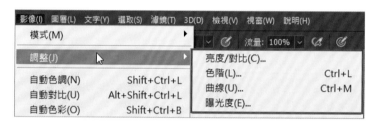

圖 7-3-1-1　開啟功能表／影像／調整，出現的選單第一大項選單屬於處理明暗與對比的方式

❶ 亮度與對比

亮度與對比是一較為個整體的調整方式，分成亮度與對比兩個項目。

原始影像偏暗，對比也不夠使，用亮度與對比數值調整後結果（圖 7-3-1-3）如下：

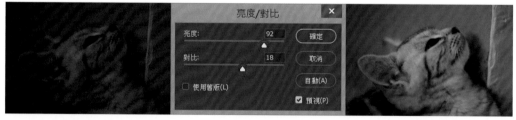

圖 7-3-1-2　　　　　　　圖 7-3-1-3　　　　　　　圖 7-3-1-4

❷ 色階

色階將影像分為三大部分：最亮點（畫面呈現白色處）、灰點（畫面呈現中間色調）與最暗點（畫面呈現黑色處），調整的重點先觀察曲線分布，判斷問題點再進行調整。

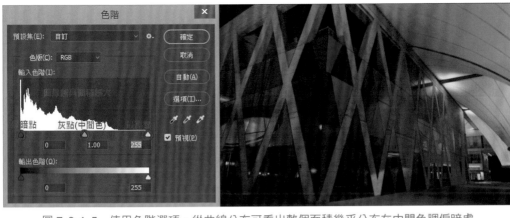

圖 7-3-1-5　使用色階選項，從曲線分布可看出整個面積幾乎分布在中間色調偏暗處

圖 7-3-1-6　若是將最亮點控制拉桿往左調整，則整體調亮，但仍維持成對比

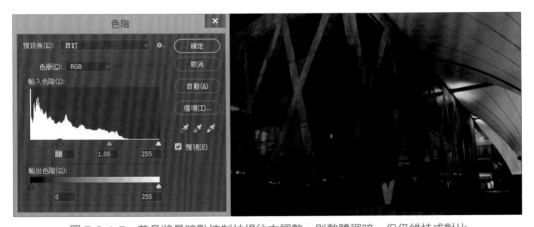

圖 7-3-1-7　若是將最暗點控制拉桿往右調整，則整體調暗，但仍維持成對比

0　數位影像基礎觀念

1　淺談選取與去背

2　選區編修與遮色片

3　基本選取

4　智慧選取

5　路徑選取

6　色版選取

7　好用的輔助功能

圖 7-3-1-8　若是將灰點控制拉桿往左調整，則整體調亮，對比不足

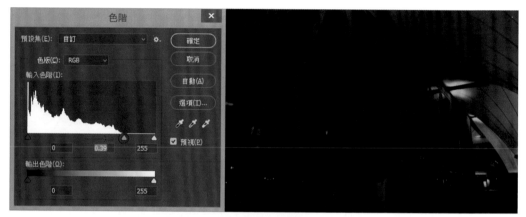

圖 7-3-1-9　若是將灰點控制拉桿往右調整，則整體調暗，對比不足

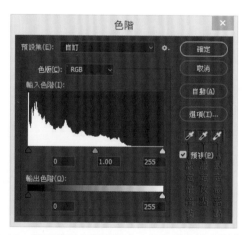

圖 7-3-1-10　另可使用色階面板右方的滴管來進行影像上的設定

設定最暗點（黑色滴管）：在影像中取樣以設定最暗點

設定灰（灰色滴管）：在影像中取樣以設定灰點

設定最亮點（白色滴管）：在影像中取樣以設定最亮點

以本範例圖來說，採用三種方式在影像中取樣於同一個位置效果如下：

圖 7-3-1-11　設定最暗點

圖 7-3-1-12　設定灰點

圖 7-3-1-13　設定灰點

數位影像基礎觀念　0

淺談選取與去背　1

選區編修與遮色片　2

基本選取　3

智慧選取　4

路徑選取　5

色版選取　6

好用的輔助功能　7

❸ 曲線

曲線調整是由使用者自己定義切割亮到暗的分布區域，再將分割相對應的點調量或調暗。

圖 7-3-1-14　未調整的原始圖對比太大

圖 7-3-1-15　開啟曲線面板，從畫面中的曲線分布圖仍可看到由亮到暗的面積分部

圖 7-3-1-16　在編輯線上中間點往上拉，可對中間色調區域的部分調亮

圖 7-3-1-17　在編輯線上中間點往下拉，可對中間色調區域的部分調暗

可在影像中按住左鍵查詢畫面中影像色調在曲線中對應的區域（7-3-1-18~7-3-1-20）

圖 7-3-1-18

圖 7-3-1-19

圖 7-3-1-20

另外，曲線與色階同樣可進行滴管取樣調整（圖 7-3-1-21）：

設定最暗點（黑色滴管）：在影像中取樣以設定最暗點

設定灰（灰色滴管）：在影像中取樣以設定灰點

設定最亮點（白色滴管）：在影像中取樣以設定最亮點

數位影像基礎觀念 0

淺談選取與去背 1

選區編修與遮色片 2

基本選取 3

智慧選取 4

路徑選取 5

色版選取 6

好用的輔助功能 7

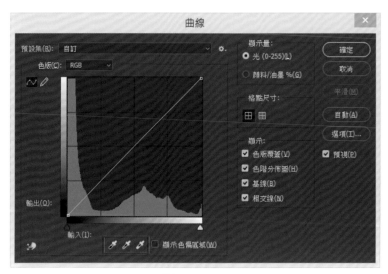

圖 7-3-1-21

以上色階、曲線都是以 RGB 綜合色版調整，若需針對個別色版，亦可在色階（圖 7-3-1-22）或曲線（圖 7-3-1-23）面板切換色版後再進行調整。

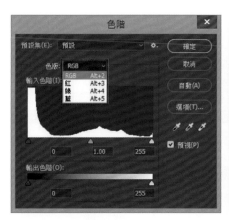

圖 7-3-1-22

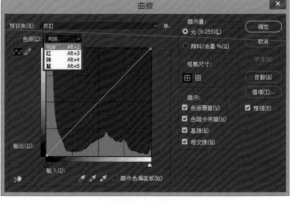

圖 7-3-1-23

❹ 曝光度

曝光度調整的目的也是調整影像的明暗與對比，但參數選項名稱不同，調法也不盡相同開啟曝光度面板，看不到曲線分布，所以針對想處理的項目調整即可（圖 7-3-1-24）：

圖 7-3-1-24

曝光度：與亮度差不多，往右調變亮，往左調變暗。

偏移量：就是對比度，往右減少對比，往左增加對比。

Gamma 校正：指的是中間調的亮度，往左變亮，往右變暗。

以此範例來說，目前貓咪有些逆光，屬於接近中間色調，所以假如我想把貓咪調亮，可將 Gamma 校正往左調整即可（圖 7-3-1-25）。

圖 7-3-1-25

7-3-2 飽和度調整

❶ 自然飽和度

開啟原始圖可以發現影像彩度不夠飽和（圖 7-3-2-1）：

圖 7-3-2-1

數位影像基礎觀念　0

淺談選取與去背　1

選區編修與遮色片　2

基本選取　3

智慧選取　4

路徑選取　5

色版選取　6

好用的輔助功能　❼

自然飽和度調幅較細微，色彩呈現也比較自然（圖 7-3-2-2）（圖 7-3-2-3）。

圖 7-3-2-2　　　　　　　　　圖 7-3-2-3

飽和度調幅比較粗糙，色彩變化也比較明顯（圖 7-3-2-4）（圖 7-3-2-5）。

圖 7-3-2-4　　　　　　　　　圖 7-3-2-5

數位影像基礎觀念

0

淺談選取與去背

1

選區編修與遮色片

2

基本選取

3

智慧選取

4

路徑選取

5

色版選取

6

❷ 色相／飽和度

　　色相即色彩的樣貌，在色相／飽和度中，色相呈現帶狀漸層遞進，飽和度與亮度調整與前述明暗與飽和度調整相同。調整色相滑桿，可發現畫面色彩依色帶方向替換色彩：

圖 7-3-2-6　原始影像

圖 7-3-2-7　調整後

圖 7-3-2-8　勾選上色可統一色調，製作出類似泛黃復古色調

❸ 去除飽和度

只要子項目裡面有飽和度選項的，都可以將飽和度去除變成灰階影像；另外，去除飽和度指令可直接使用不需調整參數（圖 7-3-2-9）。

圖 7-3-2-9　　　　　　　　　　　　　　　　圖 7-3-2-10

7-3-3　色彩調整

❶ 色彩平衡

色彩平衡將 CMY 與 RGB 以互補方式呈現，可用於去除輕微色偏或加色：

原始影像帶有橘黃色色偏（圖 7-3-3-1），可參考下列參考數值（圖 7-3-3-2）：

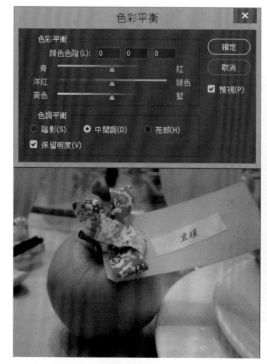

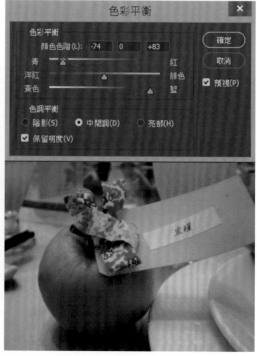

圖 7-3-3-1　　　　　　　　　　　　　　　　圖 7-3-3-2

希望在原始影像（圖7-3-3-3）整體多加一點藍（圖7-3-3-4），可參考下列數值：

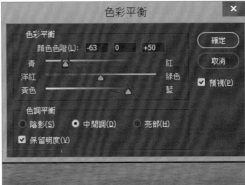

圖 7-3-3-3　　　　　　　　　　　圖 7-3-3-4

❷ 相片濾鏡

相片濾鏡類色色彩平衡加色的概念，也像是戴上彩色的太陽眼鏡一樣，直接將畫面加上某個色彩，色彩可藉由挑選預設集參考名稱套用（圖7-3-3-6）或是自行從檢色表中挑選（圖7-3-3-7）：

圖 7-3-3-5　　　　　　　圖 7-3-3-6　　　　　　　圖 7-3-3-7

0　數位影像基礎觀念

1　淺談選取與去背

2　選區編修與遮色片

3　基本選取

4　智慧選取

5　路徑選取

6　色版選取

7　好用的輔助功能

❸ 色版混合器

選取不同色版，可將色彩分開處理，例如 RGB 模式的影像，色彩就會分成 RGB 三個色版，可以照不同色彩部分加以調整。選取輸出色版後，若是調整內部的來源色版數值，各種色彩就會有成分上的變化。

例如輸出色版選取藍色，來源色版調整紅色向右，那麼該圖的紅色成範圍會增加藍色成分（圖 7-3-3-10）；反之，因輸出色版藍色的互補色是黃，若是向左調，那麼紅色成範圍部分就會增加黃色成分（圖 7-3-3-11）。

圖 7-3-3-8

圖 7-3-3-9

圖 7-3-3-10

圖 7-3-3-11

④ 符合顏色

符合顏色可以去除比較明顯的色偏或是在合成時，讓置入的影像能夠符合背景色調。

■ 去除色偏

原始影像明顯偏黃（圖 7-3-3-12），可點選影像 / 調整 / 符合顏色（圖 7-3-3-13）

圖 7-3-3-12

圖 7-3-3-13

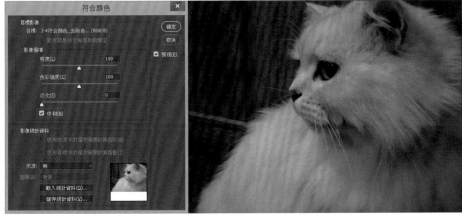

圖 7-3-3-14　勾選中和可以發現色黃色色偏立刻去除

數位影像基礎觀念　0

淺談選取與去背　1

選區編修與遮色片　2

基本選取　3

智慧選取　4

路徑選取　5

色版選取　6

好用的輔助功能　7

圖 7-3-3-15　可透過淡化稍微調回原有色調

■ 合成時的符合背景色調

圖 7-3-3-16　從原始途中可以發現雕像圖層色調與背景不搭

圖 7-3-3-17　選取雕像圖層並開啟符合顏色視窗，即可調整接近背景的色調，讓影像與背景融合

7-3-4　逆光調整

❶ 陰影 / 亮部

陰影 / 亮部將影像明暗畫分成暗部與亮部兩部分，適於快速調整逆光狀態。

在原始圖可以看到背光處的岩石幾乎整個是黑的（圖 7-3-4-1），陰影數值向右調，可讓暗處調亮；亮部數值往右調，可讓亮處調暗。調整參考數值與結果如下（圖 7-3-4-2）：

圖 7-3-4-1

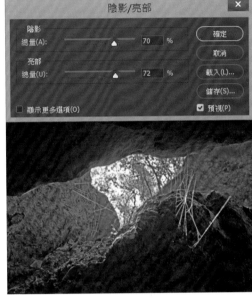

圖 7-3-4-2

7-3-5　局部色彩調整 / 替換

若想針對局部色彩範圍調整色彩，可參考選取顏色與取代顏色兩項功能。

❶ 選取顏色

先在顏色項目挑選要調整的顏色範圍（圖 7-3-5-1），再調整 CMYK 的色彩強度，向右調整該色強度越強，向左調整強度越弱。例如想把黃色的花變成白色的，可以使用選取顏色，設定數值參考如下（圖 7-3-5-2）：

0 數位影像基礎觀念

1 淺談選取與去背

2 選區編修與遮色片

3 基本選取

4 智慧選取

5 路徑選取

6 色版選取

7 好用的輔助功能

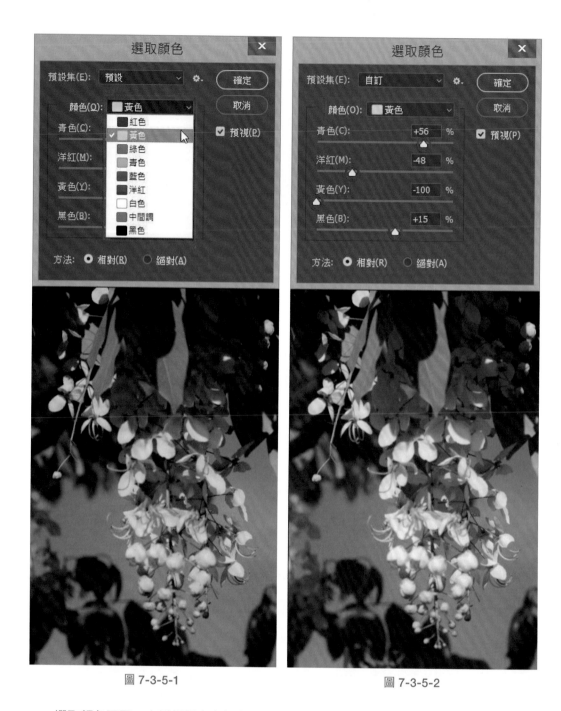

圖 7-3-5-1 　　　　　　　　　　　　　　圖 7-3-5-2

　　選取顏色可同一次編輯設定多個色彩範圍，例如黃花、綠葉、藍色天空，分別調整完再按下確定即可。

❷　取代顏色

　　使用的目的與選取顏色類似，都是將某個色彩範圍進行色彩替換。先在畫面中以取代顏色中的滴管擷取想替換的色彩區域，參考取代顏色面板中黑白圖確認選到的範圍，搭配朦朧與滴管加減選可調整選到的區域，白色代表即將作用的範圍（圖 7-3-5-3），再到面板下方調整色彩或直接指定目標色彩（圖 7-3-5-4）。

假設想把綠色的背景降低飽和度以突顯荷花，設定參考如下：

圖 7-3-5-3　　　　　　　　　　圖 7-3-5-4

取代顏色一次只能修改一個顏色區域，以本範例來說，若是希望修改背景後也修改荷花色彩，必須先修改背景完成後在取代顏色面板按下確定後，再修改荷花區域。

7-3-6　其他目的調整或特殊效果

❶ 黑白

黑白可以將色彩去除飽和度後，再針對原影像各種色彩區域調整明暗（圖 7-3-6-1）。

圖 7-3-6-1

0 數位影像基礎觀念

1 淺談選取與去背

2 選區編修與遮色片

3 基本選取

4 智慧選取

5 路徑選取

6 色版選取

7 好用的輔助功能

❷ 顏色查詢

提供調整好主題的色調供使用者直接套用（圖 7-3-6-2）。

套用各種主題結果（圖 7-3-6-3）

圖 7-3-6-2

圖 7-3-6-3

❸ 負片效果

負片效果使用互補色替代，像以前膠捲底片看起來的感覺。編輯遮色片時若要反轉選區，常常會使用這個功能讓黑白區域對調（圖 7-3-6-4）。

圖 7-3-6-4

④ 色調分離

　　色調分離依照色階數呈現畫面色彩層次，使用在漸層平滑的影像中效果最為明顯（圖 7-3-6-5）。

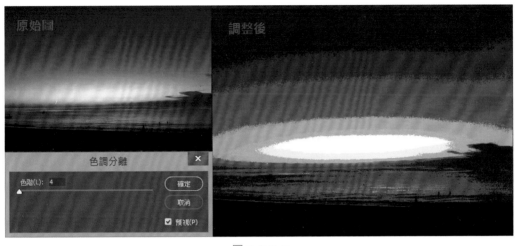

圖 7-3-6-5

⑤ 臨界值

　　臨界值使畫面只用黑與白呈現，使用滑桿調整黑白臨界點（圖 7-3-6-7）。

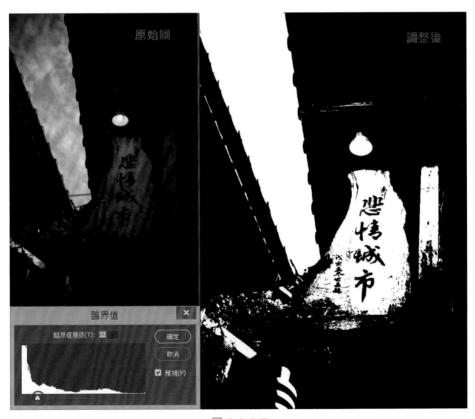

圖 7-3-6-7

0　數位影像基礎觀念

1　淺談選取與去背

2　選區編修與遮色片

3　基本選取

4　智慧選取

5　路徑選取

6　色版選取

7　好用的輔助功能

❻ 漸層對應

漸層對應可將影像的明暗以漸層預設集中的漸層色取代（圖 7-3-6-8）。

圖 7-3-6-8

❼ HDR 色調

　　HDR 色調即高動態範圍（High Dynamic Range Imaging），是用來實作比普通數位影像技術更大曝光動態範圍將明暗、對比、色彩飽和度等項目綜合調整，加上光暈強度、細節綜合調整，可以將影像作大幅度的修改，使之更具變化的可能性，也可直接套用預設集裡的效果（圖 7-3-6-9）。

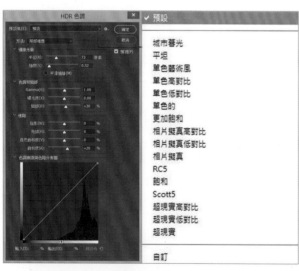

圖 7-3-6-9

圖 7-3-6-10

❽ 均勻分配

　　均勻分配會依照曲線分布（可開啟視窗／色階分布圖觀察影像色階分布情形）圖調整到整體分布平均。

套用前
影像曲線集中在亮色

套用後
明暗曲線均勻分布

圖 7-3-6-11

數位影像基礎觀念 0

淺談選取與去背 1

選區編修與遮色片 2

基本選取 3

智慧選取 4

路徑選取 5

色版選取 6

好用的輔助功能 7

7-4 加入濾鏡玩影像 – 選區與濾鏡搭配使用

　　Photoshop 的濾鏡可以創造出許多令人驚豔的效果，不只套用在影像，也可以在遮色片上應用，進入快速遮色片模式時，濾鏡也可以套用在指示色彩上。

　　讓影像更富層次與變化。

7-4-1 模糊與色彩網屏濾鏡

E.g. 動感滑板

圖 7-4-1

1. 建立選取範圍（圖 7-4-2）

2. 點選選取 / 修改 / 擴張（圖 7-4-3），擴張數值依影像品質與喜好而定。

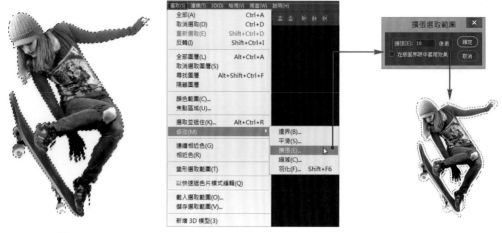

圖 7-4-2   圖 7-4-3

3. 切換到快速遮色片模式。在進入遮色片模式之前可以先點兩下開啟設定，本範例將指示色彩設定在選取範圍上，也就是紅色部分等於選取的範圍（圖 7-4-4）。

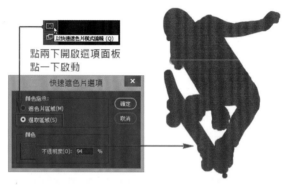

圖 7-4-4

4. 套用濾鏡 / 模糊 / 高斯模糊，依照個人喜好設定模糊值（圖 7-4-5）。

圖 7-4-5

5. 套用濾鏡／向素／彩色網屏，強度數值設定越大，則產生的網屏顆粒就越大（圖 7-4-6）。

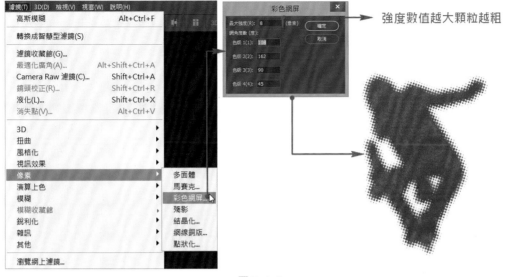

強度數值越大顆粒越粗

圖 7-4-6

6. 退出快速遮色片模式（圖 7-4-7），在圖層上加上圖層遮色片（圖 7-4-8）。

圖 7-4-7

圖 7-4-8

數位影像基礎觀念 0

淺談選取與去背 1

選區編修與遮色片 2

基本選取 3

智慧選取 4

路徑選取 5

色版選取 6

好用的輔助功能 7

7. 複製影像到背景檔案中（圖 7-4-9）。

圖 7-4-9

8. 也可以在步驟 1 時就先加入圖層遮色片，在圖層遮色片產生的 alpha 色版上套用其他模糊濾鏡，例如放射狀模糊、動態模糊等（圖 7-4-10）（圖 7-4-11）。

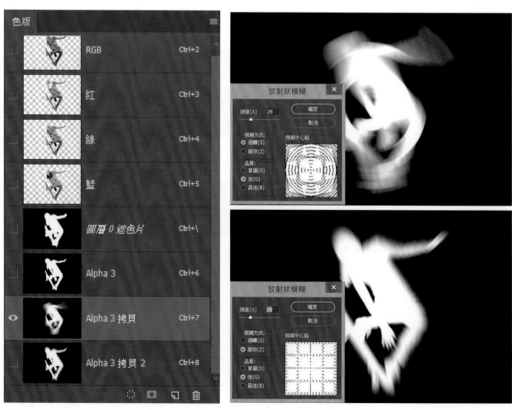

圖 7-4-10

9. 輸入文字（圖 7-4-11），完成

圖 7-4-11

數位影像基礎觀念　0

淺談選取與去背　1

選區編修與遮色片　2

基本選取　3

智慧選取　4

路徑選取　5

色版選取　6

好用的輔助功能　7